Fundamente der Mathematik

5

Arbeitsheft
Lösungen

Baden-Württemberg
Gymnasium

Cornelsen

Redaktion: Julia Hildebrandt, Kora Palow

Illustration: Golnar Mehboubi Nejati (Eule), Stefan Bachmann

Technische Zeichnungen: Christian Böhning

Umschlaggestaltung: SYBERG GbR

Layoutkonzept: zweiband.media, Berlin

Technische Umsetzung: Compuscript Ireland and Chennai

Abbildungen

Cover: Shutterstock.com/ImagineStock; S. 5/7/Shutterstock.com/ProStockStudio; S. 7/7/Shutter-
stock.com/njaj; S. 8/Wissen/Shutterstock.com/Yuliyan Velchev; S. 9/8/Shutterstock.com/Aleksandrs
Muiznieks; S. 10/1/Shutterstock.com/WildMedia; S. 11/8/Shutterstock.com/DiamondGalaxy;
S. 13/6/Shutterstock.com/Dima Zel; S. 15/6/Shutterstock.com/pingebat; S. 19/8/Shutterstock.com/
Piotr Krzeslak; S. 21/8/Shutterstock.com/Studio Barcelona; S. 25/6/Shutterstock.com/Patrick
Poendl; S. 29/7/Shutterstock.com/TinnaPong; S. 30/5/Shutterstock.com/AB Photographie; S. 33/7/
Shutterstock.com/tungtopgun; S. 38/1/stock.adobe.com/Bergfee; S. 41/4/Shutterstock.com/
soliman design; S. 49/4/Shutterstock.com/Kseniia Oshchepkova; S. 49/5/Shutterstock.com/Ralf
Gosch; S. 53/4/Shutterstock.com/Mar.K; S. 54/3/Shutterstock.com/klikkipetra; S. 59/7/Shutter-
stock.com/Africa Studio; S. 62/4/Shutterstock.com/Jan Bures; S. 67/5/Shutterstock.com/Guenter
Albers; S. 69/5/Shutterstock.com/Tristan3D; S. 73/6/Shutterstock.com/Maridav; S. 79/5/Shutter-
stock.com/Eric Isselee

Daten auswerten und darstellen

- Daten können mit einem Fragebogen erhoben werden.
- Mit einer Strichliste wird gezählt, wie oft jede Antwort gegeben wurde.
- Diese Zahlen schreibt man in eine Häufigkeitstabelle.
- Die Daten können in einem Säulendiagramm dargestellt werden.

Beispiel:

	Vögel	Eichhörnchen	Mäuse
	IIII	II	IIII I
	4	2	6

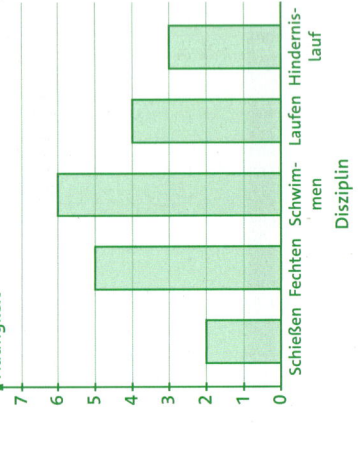

Auftrag: Alice wandert im Wald und hat in einer Strichliste festgehalten, welche Tiere sie gesehen hat. Vervollständige die Häufigkeitstabelle und das Säulendiagramm.

Basisaufgaben

1 Karim hat jeden Tag der Woche festgehalten, wie viele Stunden er in der Nacht zuvor geschlafen hat.

a) Vervollständige die Häufigkeitstabelle.

Wochentag	geschlafene Stunden
Montag	8
Dienstag	7
Mittwoch	7
Donnerstag	8
Freitag	6
Samstag	9
Sonntag	9

b) Karim sagt, dass er sich am Montag besonders müde gefühlt hat. Beurteile, ob seine Daten das Müdigkeitsgefühl bestätigen können.

Nein, Karim hat in der Nacht vor Montag ausreichend geschlafen. Laut seiner Daten hätte er sich am Freitag besonders müde fühlen müssen.

Zusatzaufgabe: Erfasse deine eigenen geschlafenen Stunden einer Woche und zeichne ein passendes Säulendiagramm. individuelle Lösung

2 In der Klasse 5a wurden die natürlichen Haarfarben der Lernenden erfasst. Nenne drei Fehler, die bei der Erstellung des Säulendiagramms gemacht wurden.

Fehlende Beschriftung einer Achse. Häufigkeit

beginnt nicht bei 0. Ungünstige Farben

(rote Säule gehört z. B. nicht zur roten Haarfarbe)

3 In einem Unternehmen wurden die Mitarbeiter befragt, welche anderen Sprachen sie sprechen außer Deutsch. Die Antworten wurden in einer Häufigkeitstabelle festgehalten.

Sprache	Häufigkeit
Englisch	20
Spanisch	12
Russisch	5
Französisch	8

a) Vervollständige das Säulendiagramm.

b) Begründe, warum man von diesen Daten nicht auf die Zahl der Mitarbeiter des Unternehmens schließen kann.

Es könnte auch Mitarbeiter geben, die mehrere oder keine weiteren Sprachen sprechen. Diese würde

in der Tabelle dann mehrfach oder gar nicht vorkommen.

4 Athleten des modernen Fünfkampfs wurden befragt, welche Disziplin sie am liebsten mögen.

Antworten: Fechten, Fechten, Fechten, Schießen, Laufen, Schwimmen, Schwimmen, Fechten, Hindernislauf, Schwimmen, Schießen, Schwimmen, Laufen, Schwimmen, Hindernislauf, Laufen, Fechten, Laufen, Schwimmen, Hindernislauf

a) Vervollständige die Strichliste und Häufigkeitstabelle.

Disziplin	Strichliste	Häufigkeit
Schießen	II	2
Fechten	IIII I	5
Schwimmen	IIII I	6
Laufen	IIII	4
Hindernislauf	III	3

b) Zeichne ein passendes Säulendiagramm.

Weiterführende Aufgaben

5 Befrage deine Mitschüler, wo sie in den Sommerferien Urlaub gemacht haben. Halte deine Ergebnisse mithilfe der Häufigkeitstabelle fest. Zeichne anschließend ein passendes Säulendiagramm. Hinweis: Mit „in Europa" sind alle europäischen Länder außer Deutschland gemeint.

individuelle Lösung

zu Hause	
in Deutschland	
in Europa	
außerhalb von Europa	

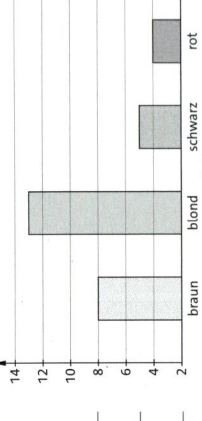

Du kannst zuerst eine Strichliste machen.

Natürliche Zahlen – große Zahlen

- Die Zahlen 0, 1, 2, 3 … heißen natürliche Zahlen (kurz N).
- Die Bedeutung einer Ziffer hängt davon ab, an welcher Stelle sie steht.
- Von zwei natürlichen Zahlen ist diejenige die größere, die mehr Stellen hat.
  Bei gleich vielen Stellen ist die Zahl mit der höchsten größeren Stelle die größere Zahl.

0 1 2 3 4 5 6 7 8 9 10 11 12 13 14 15 16 17 18 19 20 21 22 23 24 25 26 27 28 29 30

Beispiele:

Milliarden			Millionen			Tausender			Einer		
H	Z	E	H	Z	E	H	Z	E	H	Z	E
									1	2	3
1	0	0	2	0	0	3	0	0	0	0	0
1	0	0	2	0	0	3	0	0	0	0	0
1	0	2	0	0	0	3	0	0	0	0	0

einhundertdreiundzwanzig
einhundert Milliarden zweihundert Millionen dreihunderttausend
einhundert Milliarden zweihundert Millionen zweihundertdrei Millionen
zehn Milliarden zweihundert Millionen dreitausend

123 < 100200300000   100200300000 < 100200300000

Auftrag: Vervollständige die Stellenwerttafel und vergleiche die Zahlen.

Basisaufgaben

1 Markiere zuerst „Dreierpäckchen".
Trage danach die Zahlen in die Stellenwerttafel ein.
Zusatzaufgabe: Lies die Zahlen laut vor.

Milliarden			Millionen			Tausender			Einer		
H	Z	E	H	Z	E	H	Z	E	H	Z	E
				1	5	7	0	0	9	4	
	7	0	8	0	0	0	0	3	0	2	
	7	0	8	1	0	0	0	0	6		
9	1	7	0	1	5	1	0	7	2	0	
					7	0	0	8	0	1	
7	0	8	0	3	0	0	0	0	0	0	
8	0	0	0	0	5	6	0	0	4		
	7	0	0	0	0	2	0	1	6		

1570094
70800000302
708100006
91701510720
siebenhunderttausendachthunderteins
siebzig Milliarden achthundertdrei Millionen
acht Milliarden sechsundfünfzigtausendvier
siebenhundert Millionen zweitausendsechzehn

2 Schreibe die Anzahl der Stellen der Zahl in das Sechseck.
Zusatzaufgabe: Nummeriere die Zahlen der Größe nach. Beginne mit 1 bei der kleinsten Zahl.

a) drei Milliarden ⬡10 6.
b) dreitausend ⬡4 1.
c) drei Millionen ⬡7 3.
d) dreißig Milliarden ⬡11 7.
e) zweiunddreißig-tausend ⬡5 2.
f) dreihundert Millionen ⬡9 5.
g) dreihundert Milliarden ⬡12 8.
h) zwölf Millionen ⬡8 4.

3 Vergleiche. Setze das Zeichen <, = oder > ein.

a) 278 < 287
b) 476 > 468
c) 9762 = 9762
d) 35329 < 35432
e) 254332 > 254323
f) 496576 > 469579
g) 1857762 > 1856763
h) 305999 < 350444

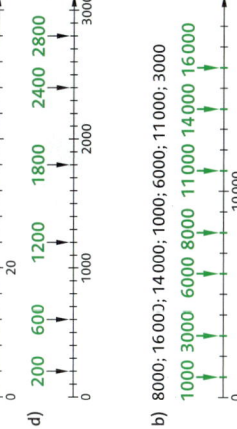

Um sie besser lesen zu können, schreibt man große Zahlen in Dreierpäckchen auf.

4 Ergänze Vorgänger und Nachfolger.
Hinweis: Zähle vorwärts und rückwärts.

a) 78986 < 78987 < 78988
b) 78009802 < 78009803 < 78009804
c) 999998 < 999999 < 1000000
d) 15995999 < 15996000 < 15996001

5 Schreibe Zahlen an die markierten Stellen.

a) 3 5 8 13
b) 8 28 44 56
c) 25 75 150 225 275 325
d) 200 600 1200 1800 2400 2800

6 Markiere auf dem Zahlenstrahl.

a) 80; 110; 150; 65; 40; 25; 125
   25 40 65 80 110 125 150
b) 8000; 16000; 14000; 1000; 6000; 11000; 3000
   1000 3000 6000 8000 11000 14000 16000

Weiterführende Aufgaben

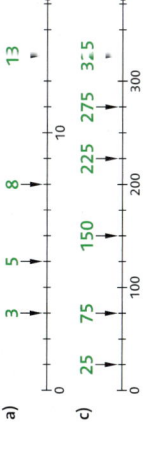

7 China ist mit 1425849288 Einwohnern das bevölkerungsreichste Land der Welt in 2024. In der Tabelle sind Länder und deren Bevölkerungszahlen gegeben.
a) Trage die Werte in die Stellenwerttafel ein.
b) Recherchiere selbst die Bevölkerungszahlen von zwei weiteren Ländern und trage sie in die Tabelle und Stellenwerttafel ein.
c) Schreibe die Bevölkerungszahlen von Botswana, Kasachstan und Belize in Ziffern.

Land	Einwohner
China	1425849288
Brasilien	215802222
Deutschland	83312897
Südkorea	51802594
Mosambik	33420619
Grönland	56565

Milliarden			Millionen			Tausender			Einer		
H	Z	E	H	Z	E	H	Z	E	H	Z	E
		1	4	2	5	8	4	9	2	8	8
			2	1	5	8	0	2	2	2	2
				8	3	3	1	2	8	9	7
				5	1	8	0	2	5	9	4
				3	3	4	2	0	6	1	9
						5	6	5	6	5	

Botswana: zwei Millionen sechshundertdreiundfünfzigtausendneun   2653009
Kasachstan: neunzehn Millionen fünfhundertvierhundertvierundneunzig   19500494
Belize: vierhundertsiebentausendachthundertachtundneunzig   407898

Runden

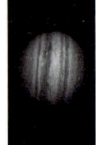

Beispiele:

- Folgt nach der Rundungsstelle eine **0, 1, 2, 3 oder 4,** so wird abgerundet.   7 5 <u>4</u> ≈ 7 5 0
- Folgt nach der Rundungsstelle eine **5, 6, 7, 8 oder 9,** so wird aufgerundet.   7 <u>5</u> 4 ≈ 8 0 0

Auftrag: Ergänze die Ziffern.

Basisaufgaben

1 Markiere mit einer Linie, bis zu welchen Räumen man den Fluchtweg A nehmen sollte.
Zusatzaufgabe: Erkläre und begründe mithilfe der Abbildung die Rundungsregeln.   **individuelle Lösung**

100 101 102 103 104 105 106 107 108 109

2 Runde auf die blau markierte Stelle.

a) 82 ≈ **80**
b) 75 ≈ **80**
c) 1427 ≈ **1430**
d) 4784 ≈ **4780**

e) 81831 ≈ **81800**
f) 42615 ≈ **42600**
g) 71747 ≈ **71700**
h) 4868 ≈ **4900**

i) 909 ≈ **900**
j) 2892 ≈ **3000**
k) 999 ≈ **1000**
l) 4989 ≈ **5000**

3 Ergänze die Tabelle.

Runde ...	16736	321483	73698	196542
auf Zehner	16740	321480	73700	196540
auf Hunderter	16700	321500	73700	196500
auf Tausender	17000	321000	74000	197000
auf Zehntausender	20000	320000	70000	200000

4 Ergänze die Sätze.
Hinweis: Beim letzten Satz gibt es mehrere Möglichkeiten.

1146325	auf Hunderttausender	gerundet, ist	1100000.
1929397	auf Zehntausender	gerundet, ist	1930000.
1299887	auf Tausender	gerundet, ist	1300000.
2553678159	auf zehn Millionen	gerundet, ist	2550000000.
4897	auf Zehner (Hunderter)	gerundet, ist	4900.
1458710067	auf Hunderttausend	gerundet, ist	1458700000.
7882387900	auf hundert Millionen	gerundet, ist	7900000000.
56175 bis 56184	auf Zehner	gerundet, ist	56180.

5 Vervollständige den Text. Runde die Angabe in Klammern sinnvoll.

a) Madagaskar hat rund **30 000 000** (29 963 345) Einwohner.
b) Die Fahrt von Berlin nach Köln dauert etwa **7 Stunden** (6 h 58 min).
c) Der Elefant Makaio im Zoo wiegt etwa **6000 kg** (6083 kg).
d) Eine Rakete fliegt mit einer Geschwindigkeit von **28 000 km/h** (28476 km/h).

Zusatzaufgabe: Ein Einkauf kostet 104,12 €. Frau Müller hat den Betrag nicht passend und überlegt, wie viel Geld sie einstecken muss. Begründe, warum die Rundungsregeln hier nicht angewendet werden sollten.
Es müsste abgerundet werden. Aber dann hätte Frau Müller nicht genug Geld dabei.

6 Adrian fährt mit seinen Eltern in den Urlaub nach Marseille in Frankreich. Seine Eltern nutzen ein Navigationssystem. Es plant von Karlsruhe aus eine Fahrtzeit von 8 Stunden und 46 Minuten.

a) Adrians Eltern planen für die Fahrt 2 kleine Pausen (je 20 Minuten) und eine große Pause (45 Minuten) ein. Berechne die gesamte Dauer der Fahrt. Runde sinnvoll.

8 h 46 min + 2 · 20 min + 45 min = 10 h 11 min

Die Fahrt wird voraussichtlich 10 Stunden und 10 Minuten dauern.

b) Adrian hat in das Navigationsgerät weitere Zielorte eingegeben. Runde die Entfernungen und Fahrtzeiten sinnvoll.

	Fahrtzeit		Entfernung	
	genau	gerundet	genau	gerundet
Karlsruhe – Kopenhagen	11 h 7 min	**11 h**	951 km	**950 km**
Karlsruhe – Freiburg	1 h 28 min	**1 h 30 min**	135 km	**140 km**
Karlsruhe – Lissabon	21 h 39 min	**22 h**	2128 km	**2100 km**
Karlsruhe – Amsterdam	6 h 8 min	**6 h**	550 km	**550 km**

Weiterführende Aufgaben

7 Für die Erde kennen wir die Größe der Oberfläche in km² (Quadratkilometer) sehr genau.
Für die anderen Planeten unseres Sonnensystems können wir nur Schätzwerte angeben.
Mithilfe des Durchmessers wurde die Größe der Oberfläche eines jeden Planeten berechnet.
Vervollständige die Tabelle.

Planet	Oberflächengröße in km²	Oberflächengröße gerundet auf...		
		Tausend	Hunderttausend	Millionen
Merkur	74 800 672	**74801000**	**74800000**	**75000000**
Venus	460 202 377	**460202000**	**460200000**	**460000000**
Mars	145 011 003	**145011000**	**145000000**	**145000000**
Jupiter	66 038 648 269	**66038648000**	**66038600000**	**66039000000**
Saturn	45 642 668 625	**45642669000**	**45642700000**	**45643000000**
Uranus	8 209 138 445	**8209138000**	**8209100000**	**8209000000**
Neptun	7 706 398 357	**7706398000**	**7706400000**	**7706000000**

Größen umrechnen – Länge

Einheiten	Umrechnung
Kilometer (km)	1 km = 1000 m = 10000 dm = 100000 cm = 1000000 mm
Meter (m)	1 m = 10 dm = 100 cm = 1000 mm
Dezimeter (dm)	1 dm = 10 cm = 100 mm
Zentimeter (cm)	1 cm = 10 mm
Millimeter (mm)	

Beispiele: 3 m = 30 dm   30 dm = 300 cm   300 cm = 3000 mm

Auftrag: Ergänze die Umrechnungen und die Beispiele. Rechne dazu in die jeweils nächstkleinere Einheit um.

Basisaufgaben

1 Ergänze mögliche Längen.
a) Breite einer Tür: 90 cm
b) Länge einer Tintenpatrone: 38 mm
c) Höhe einer Tür: 21 dm
d) Länge eines Güterzuges: 320 m
e) Dicke eines Buches: 28 mm
f) Breite eines Daumens: 15 mm
g) Länge eines Lkws: 18 m
h) Breite einer DIN-A4-Seite: 210 mm

2 Nenne einen Gegenstand, der ungefähr die angegebene Länge hat.
Zusatzaufgabe: Miss, wenn möglich, zur Kontrolle nach.
a) 5 cm   Radiergummi
b) 1,5 dm   Lineal
c) 2 m   Tafel

3 Ergänze die fehlende Zahl oder die Einheit.
a) 23 cm = 230 mm
b) 78 m = 7800 cm
c) 40 km = 40000 m
d) 900 m = 90000 cm
e) 1200 cm = 12000 mm
f) 7600 cm = 76 m

Längen zum Ergänzen:
2 km	15 mm
18 m	21 dm
28 mm	38 mm
75 mm	90 cm
210 mm	320 m

4 Ergänze, wenn möglich, die passenden Größenangaben.
Hinweis: Ergänze beim Umrechnen in die nächstkleinere Einheit so viele Nullen, wie die Umrechnungszahl hat.
Streiche beim Umrechnen in die nächstgrößere Einheit so viele Nullen, wie die Umrechnungszahl hat.

a)

in der nächstkleineren Einheit	Ausgangswert	in der nächstgrößeren Einheit
70000 dm	7000 m	7 km
5000 cm	500 dm	50 m
12000 m	12 km	–
–	60 mm	6 cm
8000 mm	800 cm	80 dm

b)

in der nächstkleineren Einheit	Ausgangswert	in der nächstgrößeren Einheit
250000 mm	25000 cm	2500 dm
780000 m	780 km	–
–	45000 mm	4500 cm
7040000 cm	704000 dm	70400 m
30500000 dm	3050000 m	3050 km

5 Färbe gleiche Längenangaben in der gleichen Farbe.

1200 m A	12 km B	1 200 000 mm A
12 000 dm A	210 m C	21 km D
1 200 000 cm B		120 000 cm A
12 000 m B	21 000 m D	21 000 cm C
		2100 dm C

Umrechnungsschema:
km · 1000 → m · 10 → dm · 10 → cm · 10 → mm
mm : 10 → cm : 10 → dm : 10 → m : 1000 → km

6 Rechne in mehreren Schritten um.
a) 16 dm in mm   16 dm = 160 cm = 1600 mm
b) 5000 mm in m   5000 mm = 500 cm = 50 dm = 5 m
c) 12 km in cm   12 km = 12000 m = 1 200 000 cm
d) 1 300 000 dm in km   1 300 000 dm = 130 000 m = 130 km

7 Ordne nach der Größe. Beginne mit der kleinsten Länge.   485 mm; 32 cm; 2 m; 1100 mm; 8 cm; 91 mm; 310 cm
8 cm < 91 mm < 32 cm < 485 mm < 1100 mm < 2 m < 310 cm

Weiterführende Aufgaben

8 In einem Park sollen die Wege am Rand auf beiden Seiten mit Steinen geschmückt werden. Ein Stein hat eine Länge von 25 cm. Es sollen rund 2 km Weg mit Steinen geschmückt werden.
Berechne, wie viele Steine benötigt werden.
2 km · 2 = 4 km = 4000 m = 400000 cm
400000 cm : 25 cm = 16000 Steine
Um alle Wege zu schmücken, werden 16 000 Steine benötigt.

9 Leonora hat im Erdbeerbeet ihres Gartens eine Weinbergschnecke entdeckt. Eine Weinbergschnecke legt etwa 7 cm pro Minute zurück.
a) Die Schnecke überquert den 56 cm breiten Trampelpfad zwischen den Beeten. Berechne, wie lange die Schnecke für die Überquerung braucht.
56 cm : 7 cm = 8 Minuten
Die Schnecke braucht für die Überquerung des Weges 8 Minuten.
b) In 2 Stunden wird es dunkel. Der Weg zum Garten des Nachbarn ist 7 m lang. Berechne, ob die Schnecke den Weg zum Nachbargarten zurücklegen kann, bevor es dunkel wird.
7 m = 700 cm   700 cm : 7 cm = 100 Minuten < 2 Stunden
Die Schnecke schafft den Weg in den Nachbargarten, bevor es dunkel wird.

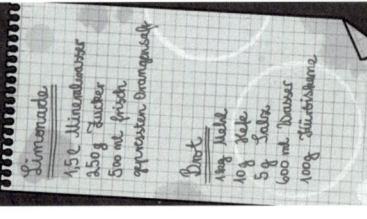

Größen umrechnen – Gewicht

Einheiten	Umrechnung
Tonne (t)	1 t = 1000 kg = **1 000 000** g = **1 000 000 000** mg
Kilogramm (kg)	1 kg = 1000 g = **1 000 000** mg
Gramm (g)	1 g = 1000 mg
Milligramm (mg)	

Beispiele: 15 kg = **15 000** g   450 000 g = **450** kg   13 000 kg = **13** t

Auftrag: Ergänze die Umrechnungen und Beispiele.

Basisaufgaben

1 In welcher Einheit sollte man das Gewicht der Tiere angeben?

a) Katze: **Kilogramm**
b) Schwein: **Kilogramm**
c) Hamster: **Gramm**
d) Elefant: **Tonnen**
e) Mücke: **Milligramm**
f) Maus: **Gramm**

2 Kreuze passende Größenangaben an.

a) 100 g schwer ist etwa …
  [x] ein Messer   [ ] eine Tafel Schokolade   [ ] ein Teelöffel

b) 1 kg schwer ist etwa …
  [x] ein Päckchen Saft (1 ℓ)   [ ] ein Fußball   [x] eine Tüte Mehl

3 Rechne in die nächstkleinere Einheit um.

a) 8 t = **8000 kg**
b) 50 g = **50 000 mg**
c) 7 kg = **7000 g**
d) 300 kg = **300 000 g**
e) 70 t = **70 000 kg**
f) 25 g = **25 000 mg**
g) 300 g = **300 000 mg**
h) 70 g = **70 000 mg**
i) 400 kg = **400 000 g**

4 Rechne in die nächstgrößere Einheit um.

a) 2000 kg = **2 t**
b) 5000 g = **5 kg**
c) 8000 mg = **8 g**
d) 8000 g = **8 kg**
e) 9000 mg = **9 g**
f) 10 000 kg = **10 t**
g) 17 000 kg = **17 t**
h) 78 000 mg = **78 g**
i) 250 000 g = **250 kg**

5 Markiere gleich schwere Angaben mit der gleichen Farbe.
Hinweis: Rechne in eine möglichst kleine Einheit um.

0,62 kg **A**	6200 kg **B**	6,2 kg **C**	620 kg **D**
0,62 t **D**	6,2 t **B**	6 200 000 mg **C**	620 000 mg **A**
6200 g **C**	6 200 000 g **B**	620 g **A**	620 000 g **D**

---

6 Gib das Ergebnis in der kleineren gegebenen Einheit an.

a) 120 kg + 800 g = **120 000 g + 800 g = 120 800 g**
b) 77 t + 500 kg = **77 000 kg + 500 kg = 77 500 kg**
c) 1,5 kg + 250 g = **1500 g + 250 g = 1750 g**
d) 80 g + 75 mg = **80 000 mg + 75 mg = 80 075 mg**

7 Ordne die Massen nach der Größe. Beginne mit dem kleinsten Wert.   54 540 kg; 45 450 kg; 45 540 000 g; 54 t

45 450 kg < 45 540 000 g < 54 t < 54 540 kg

Weiterführende Aufgaben

8 Bei Edelsteinen wird das Gewicht in Karat angegeben. 1 Karat entspricht rund 200 mg.

a) Der 1905 in Südafrika gefundene Cullinan-Diamant ist der größte jemals gefundene Diamant. Er wog im Rohzustand rund 620 g. Berechne, wie viel Karat der Cullinan-Diamant im Rohzustand hatte.

620 g = 620 000 mg   620 000 mg : 200 mg = 3100 Karat

Der Cullinan-Diamant hatte im Rohzustand 3100 Karat.

b) Der Cullinan-Diamant wurde in mehrere große und kleine Diamanten gespalten. Vervollständige die Tabelle.

Diamant	Karat	mg	g
Cullinan I (großer Stern von Afrika)	530	**106 000**	**106**
Cullinan II (kleiner Stern von Afrika)	**315**	63 000	**63**
Cullinan III	94	**18 800**	**19**
Cullinan IV	**65**	13 000	**13**

Zusatzaufgabe: Gib das Gewicht der Diamanten auch in g an. Runde auf ganze Gramm, wenn nötig.

9 Karina macht selbst Limonade und backt einen Laib Brot. Dazu muss sie alle Zutaten abwiegen.
Hinweis: 1 l Wasser oder Orangensaft wiegt ungefähr 1 kg.

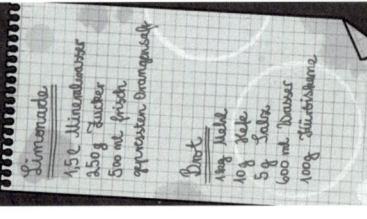

a) Berechne das Gesamtgewicht der Zutaten für die Limonade.

1,5 l = 1500 g; 500 ml = 500 g

1500 g + 250 g + 500 g = 2250 g

Die Zutaten der Limonade wiegen zusammen 2250 g.

b) Berechne das voraussichtliche Gesamtgewicht des Brotteigs.

1 kg Mehl = 1000 g Mehl; 600 ml Wasser = 600 g Wasser

1000 g + 10 g + 5 g + 600 g + 100 g = 1715 g

Der Teig wiegt voraussichtlich 1715 g.

Größen umrechnen – Zeit

Einheiten	Umrechnung
Tag (d)	1 d = 24 h.
Stunde (h)	1 h = 60 min = 3600 s
Minute (min)	1 min = 60 s
Sekunde (s)	

Ein Jahr hat 12 Monate. Ein Monat hat 28 bis 31 Tage. Jede Woche hat 7 Tage.

Beispiel: 2 h 15 min = 120 min + 15 min = 135 min

Auftrag: Ergänze die Umrechnungen und das Beispiel.

Basisaufgaben

1 Ordne jeder Tätigkeit die passende Zeitspanne zu.

a) 4 km wandern: 1h
b) Reis kochen: 15 min
c) Zähne putzen: 3 min
d) Datum schreiben: 2s
e) Osterferien: 14 d
f) Jahr: 52 Wochen

Zeitspannen zum Ergänzen:

2 s	3 min	15 min
45 min	1 h	70 min
14 d	1 Monat	52 Wochen

2 Wandle in die nächstkleinere Einheit um.

a) 2 d = 48h
b) 2 h = 120min
c) 2 min = 120s
d) 12 h = 720min
e) 50 min = 3000s
f) 3 d = 72h
g) 4 Wochen = 28d
h) 10 d = 240h
i) 6 min = 360s

3 Wandle in die nächstgrößere Einheit um.

a) 240 h = 10d
b) 240 min = 4h
c) 240 s = 4min
d) 480 s = 8min
e) 96 h = 4d
f) 180 min = 3h
g) 120 h = 5d
h) 120 s = 2min
i) 48 h = 2d

4 Ergänze den Satz.
Ein Jahr, das kein Schaltjahr ist, hat ungefähr 52 Wochen (365 Tage).

5 Markiere gleichwertige Zeitspannen mit der gleichen Farbe.
Hinweis: Es werden sechs Farben benötigt.

480min A	8h A	1 Woche B	5 d C
7d B	6 Wochen D	360s E	8 d F
168h B	7200min C	42d D	6min E

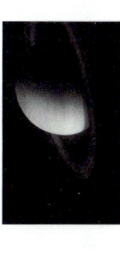

Beim Umrechnen in eine kleinere Einheit wird die Zahl größer.
Beim Umrechnen in eine größere Einheit wird die Zahl kleiner.

---

6 Die Erde benötigt einen Tag, um sich ein Mal um sich selbst zu drehen. Andere Planeten unseres Sonnensystems drehen sich schneller oder langsamer.

a) Der Saturn benötigt 647 Minuten für eine Drehung. Gib die benötigte Zeit in Stunden und restlichen Minuten an.

647 Minuten = 10 Stunden 47 Minuten

Der Saturn braucht 10 Stunden und 47 Minuten, um sich ein Mal um sich selbst zu drehen.

b) Die Erde benötigt 1436 Minuten für eine Drehung um sich selbst. Beweise, dass die Erde für die Drehung keinen vollen Tag benötigt.

1436 Minuten = 23 Stunden 56 Minuten

Die Erde benötigt nur 23 Stunden 56 Minuten für eine Drehung.

Zusatzaufgabe: Recherchiere, wie die fehlenden Minuten für die Drehung regelmäßig ausgeglichen werden. Alle 4 Jahre gibt es einen zusätzlichen Tag, den 29.2. Diese Jahre heißen Schaltjahre.

7 Gib die Zeitspannen in den gegebenen Einheiten an.

a) Vom 2. Mai um 12:00 Uhr bis zum 3. Mai um 7:00 Uhr sind es 29 h.
b) Vom 3. Mai um 15:00 Uhr bis zum 15. Mai um 21:00 Uhr sind es 12 d 6 h.
c) Vom 3. Mai um 12:00 Uhr bis zum 5. Mai um 3:30 Uhr sind es 2 d 90 min.
d) Vom 3. Mai um 12:44 Uhr bis zum 5. Mai um 2:56 Uhr sind es 48 h 12 min.

· 24 d : 24 h
· 60 min : 60
· 60 s : 60

Weiterführende Aufgaben

8 Da auf der Erde nicht überall gleichzeitig Tag ist, gibt es Zeitzonen. Zum Beispiel ist es um 10 Uhr in Frankfurt erst 9 Uhr in London.
Hinweis: Nutze zum Rechnen, wenn nötig, ein zusätzliches Blatt.

a) Max fliegt mit seinen Eltern von Frankfurt nach London. Zwischen Frankfurt und London gibt es eine Zeitverschiebung von 1 Stunde. Der Hin- und Rückflug dauert gleich lang. Vervollständige die Tabelle.

	Datum	von	Abflug	nach	Ankunft	Flugzeit
Hinflug	20.07.2023	Frankfurt	10:25 Uhr	London	10:45 Uhr	1 Std. 20 Min.
Rückflug	29.07.2023	London	18:45 Uhr	Frankfurt	21:05 Uhr	1 Std. 20 Min.

b) Aika besucht in den Sommerferien ihre Oma in Tokio in Japan. Zwischen Tokio und Frankfurt gibt es eine Zeitverschiebung von 7 Stunden. 10 Uhr in Frankfurt ist 17 Uhr in Tokio. Vervollständige die Tabelle.

	Datum	von	Abflug	nach	Ankunft	Flugzeit
Hinflug	03.08.2024	Frankfurt	14:00 Uhr	Tokio	9:50 (am 04.08.2023)	12 Std. 50 Min.
Rückflug	17.08.2024	Tokio	9:40 Uhr	Frankfurt	17:30 Uhr	14 Std. 50 Min.

Maßstab

- Ein Maßstab gibt an, wievielmal die Dinge im Bild verkleinert oder vergrößert wurden.
- Ein Maßstab 1:500 („1 zu 500") stellt eine 500-fache Verkleinerung dar.
- 1:500 bedeutet 1 cm im Bild entspricht 500 cm = 5 m in der Wirklichkeit.

Beispiel:

Auf einer Insel sind zwei Orte 12 km voneinander entfernt.

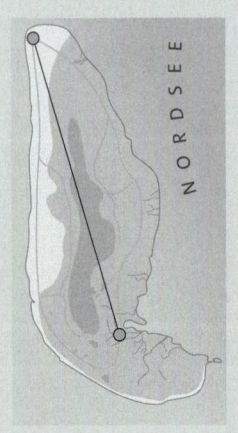

N O R D S E E

1 cm auf der Karte entspricht **2** km in der Realität.

2 km = **2000** m = **200000** cm

Maßstab: **1:200000**

Auftrag: Vervollständige das Beispiel. Gib den Maßstab der Karte an.

Basisaufgaben

1 Gib den entsprechenden Maßstab an.

a) 1 cm auf der Karte entspricht 1 km in der Realität.   Maßstab: **1:100000**

b) 1 cm auf der Karte entspricht 500 cm in der Realität.   Maßstab: **1:500**

c) 1 cm auf der Karte entspricht 12 dm in der Realität.   Maßstab: **1:120**

d) 1 cm auf der Karte entspricht 250 m in der Realität.   Maßstab: **1:25000**

e) 1 cm auf der Karte entspricht 5 km in der Realität.   Maßstab: **1:500000**

2 Ergänze die Tabellen und die Tabellenüberschriften.

a) Maßstäbliche **Verkleinerungen**

Maßstab	1:25	1:300000		1:5000	1:150
Länge im Bild	2 mm	3 cm		4 cm	2 dm
Länge in Wirklichkeit	**50 mm**	**9 km**		200 m	300 dm

b) Maßstäbliche **Vergrößerungen**

Maßstab	5:1	50000:1		1000:1	40:1
Länge im Bild	2 mm	1 km		2 m	**112 dm**
Länge in Wirklichkeit	**0,4 mm**	**2 cm**		2 mm	2,8 dm

3 Ergänze die Tabelle. Gib das Ergebnis in einer sinnvollen Einheit an.

Maßstab	1:10000	1:4000	1:200000	1:2000	1:50000	1:600000
Länge in der Karte	2 cm	**6 cm**	**5 cm**	1 cm	8 cm	**3 cm**
Länge in der Wirklichkeit	200 m	240 m	10 km	**20 m**	**4 km**	18 km

4 Gib die zugehörigen Maßstäbe an.

Zusatzaufgabe: Ermittle, wie lang eine in Wirklichkeit 2 km lange Strecke auf einer Karte mit dem Maßstab wäre.

a)

0   250   500   750   1000   1250   1500
m

Maßstab: **1:25000**   **2 km ≙ 8 cm**

b)

0   1   2   3   4   5   6
km

Maßstab: **1:100000**   **2 km ≙ 2 cm**

c)

0   10   20   30   40   50   60
km

Maßstab: **1:1000000**   **2 km ≙ 0,2 cm**

d)

0   5   10   15
km

Maßstab: **1:250000**   **2 km ≙ 0,8 cm**

5 Familie Schlesig möchte ihren Garten neugestalten. Dazu haben sie eine verkleinerte Abbildung des Gartens gezeichnet. Die obere Seite des Gartens ist 15 m lang.

a) Gib den Maßstab an, in dem das Bild gezeichnet wurde.

5 cm entsprechen 15 m. 1 cm entspricht 3 m = 3000 cm.

Der Maßstab beträgt 1:3000.

b) Familie Schlesig möchte einen Zaun um ihren Garten herum aufstellen. Berechne, wie viele Meter Zaun sie benötigen.

Hinweis: Der Garten wird von allen Seiten eingezäunt.

5 cm + 3 cm + 3 cm + 1 cm + 2 cm + 2 cm = 16 cm

16 cm in der Karte entsprechen 48000 cm = 48 m in der Realität.

Familie Schlesig benötigt 48 m Zaun.

Weiterführende Aufgaben

6 Captain Horrace Willow ist auf der Suche nach dem verschollenen Piratenschatz. Auf der Karte ist der Weg zum Schatz eingezeichnet. Der Weg zum Schatz ist auf der Karte 24 cm lang. Der Maßstab beträgt 1:250 000.

a) Berechne, wie weit der Weg zum Schatz ist.

24 cm · 250 000 = 6 000 000 cm = 60 000 m = 60 km.

Der Weg zum Schatz beträgt 60 km.

b) Der Weg durch die Berge ist versperrt. Captain Willow muss einen Umweg von 15 km gehen. Berechne, wie lang der Umweg auf der Karte wäre.

15 km = 15 000 m = 1 500 000 cm

1 500 000 cm : 250 000 = 6 cm

Der Umweg wäre auf der Karte 6 cm lang.

Zusatzaufgabe: Gib Möglichkeiten an, um die Länge eines gewundenen Weges, wie auf der Karte, abzumessen.

mit einer Schnur oder einem flexiblen Maßband

Teste dich

1 Laura befragt ihre Mitschüler nach ihrer Lieblingsschokoladensorte. Sie hat die Antworten in einer Strichliste festgehalten. Vervollständige die Häufigkeitstabelle und zeichne ein passendes Balkendiagramm.

Schokolade	Strichliste	Häufigkeit
weiße	₩₩ ll	7
Vollmilch	₩₩ ₩₩ ll	12
zartbitter	llll	4
mit Nüssen	₩₩ l	6

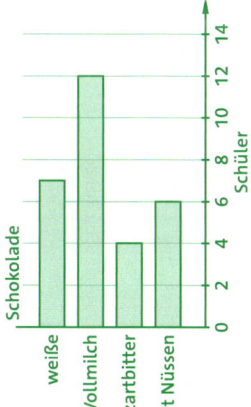

Schokolade

weiße
Vollmilch
zartbitter
mit Nüssen

Schüler

2 Runde links auf die angegebene Stelle.

Trage rechts, wo es sinnvoll ist, die gerundete Zahl ein und sonst die gegebene Zahl.

a) Runde auf Hunderter: 257 ≈ **300**   Hans wohnt in der Schillerpromenade **257**

b) Runde auf Tausender: 149 647 ≈ **150 000**   Regensburg hat **150 000** Einwohner.

c) Runde auf Zehner: 4808 ≈ **4810**   Der höchste Berg der Alpen ist **4810** ____ m hoch.

3 Rechne in die geforderte Einheit um.

a) 7 km = **7000** ____ m

b) 85 cm + 5 mm = **855** ____ mm

c) 780 dm = **78** ____ m

d) 78 000 g = **78** ____ kg

e) 95 t = **95 000** ____ kg

f) 75 000 mg = **75** ____ g

g) 7 d = **168** ____ h

h) 1 h + 30 min = **90** ____ min

i) 180 s = **3** ____ min

4 Ergänze eine Einheit, sodass die Aussage wahr sein kann.

a) Ein Päckchen Saft wiegt ca. 200 **g**. ____

b) Ein Atemzug dauert ca. 2 **s**. ____

c) Eine Arbeitsheftseite ist ca. 200 **mm** ____ breit und 3 **dm** ____ hoch.

5 Jonas möchte sich ein Videospiel kaufen für 80 €. Dazu möchte er einige seiner Sammelkarten verkaufen. 600 seiner Sammelkarten sind jeweils rund 12 Cent wert.

a) Berechne, wie viel Euro Jonas nach dem Verkauf der Sammelkarten noch fehlen.

600 · 12 Cent = 7200 Cent = 72 €

Jonas braucht noch 8 € nach dem Verkauf seiner Sammelkarten.

b) Jonas hat weitere Sammelkarten die jeweils rund 40 Cent wert sind. Berechne, wie viele dieser Sammelkarten er verkaufen muss, um das fehlende Geld zu verdienen.

8 € = 800 Cent   800 Cent : 40 Cent = 20

Jonas müsste 20 seiner wertvolleren Sammelkarten verkaufen für den fehlenden Betrag.

Wo stehe ich?

☺ Die Aufgabe kann ich sicher lösen.

😐 Die Aufgabe kann ich mit Nachschauen lösen.

☹ Ich kann die Aufgabe nicht lösen. Hier brauche ich Hilfe.

Ich kann …	☺	😐	☹	Hier kannst du üben.
• Daten aus Diagrammen ablesen. • Daten in Diagrammen darstellen. (Aufgabe 1)				S. 2, 3
• Zahlen vergleichen und Angaben ihrer Größe nach ordnen. (Aufgabe 1)				S. 4, 5 S. 9, 11
• Zahlen sinnvoll runden. (Aufgabe 2)				S. 6, 7
• Größen schätzen. (Aufgabe 4)				S. 8, 10, 12
• Längen, Gewichte und Zeiten in verschiedenen Einheiten angeben und mit ihnen rechnen. (Aufgaben 3 und 5)				S. 8–15
• Längen und Gewichte in Kommaschreibweise darstellen.				S. 10, 14
• Informationen in Texten erkennen und Sachaufgaben lösen. (Aufgabe 5)				S. 3, 5, 7, 9, 11, 13, 15

Addieren und Subtrahieren

Es gibt mehrere Möglichkeiten, Zahlen zu addieren und zu subtrahieren:

- Zerlege die zweite Zahl in Zehner und Einer. Addiere (subtrahiere) die drei Zahlen von links nach rechts.
- Ersetze die zweite Zahl durch den nächsten Zehner. Was du zunächst zu viel addiert (subtrahiert) hast, musst du danach wieder subtrahieren (addieren).

Beispiele:

$37 + 26 = 37 \;[+]\; 20 \;[+]\; 6 = 57 \;[+]\; 6 = 63$

$37 - 26 = 37 \;[-]\; 20 \;[-]\; 6 = 17 \;[-]\; 6 = 11$

$37 + 26 = 37 \;[+]\; 30 \;[-]\; 4 = 67 \;[-]\; 4 = 63$

$37 - 26 = 37 \;[-]\; 30 \;[+]\; 4 = 7 \;[+]\; 4 = 11$

Auftrag: Ergänze in den Beispielen die Rechenzeichen und die Ergebnisse.

Basisaufgaben

1 Markiere je zwei Zahlen mit der gleichen Farbe, deren Summe 100 ist.
Zusatzaufgabe: Markiere mehr als zwei Zahlen mit der gleichen Farbe, deren Summe 100 ist.

45 **A**	34 **B**	63 **C**	94 **D**
H		**F**	
79 **E**	6 **D**	37 **C**	50
ILM	**KL**		**KLN**
55 **A**	7	21 **E**	104
FLNM		**GHM**	
30	81	66 **B**	13
FN	**I**	**GM**	**GIKN**

2 Addiere wie in den Beispielen im Wissen.

a) $76 + 48 = 124$ b) $766 + 123 = 889$ c) $461 + 413 = 874$ d) $1028 + 51 = 1079$

e) $30 + 80 = 110$ f) $246 + 77 = 323$ g) $801 + 912 = 1713$ h) $1227 + 125 = 1352$

Addieren
Summand + Summand = Summe

Subtrahieren
Minuend − Subtrahend = Differenz

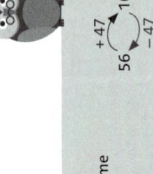

$$+47 \quad 56 \;\overset{\frown}{\underset{\smile}{}}\; 103 \quad -47$$

3 Subtrahiere wie in den Beispielen im Wissen.

a) $75 - 41 = 34$ b) $124 - 84 = 40$ c) $404 - 101 = 303$ d) $813 - 799 = 14$

e) $366 - 18 = 348$ f) $813 - 99 = 714$ g) $732 - 212 = 520$ h) $415 - 79 = 336$

4 Setze „+" oder „−" ein, so dass die Rechnung stimmt.

a) $40 \;[+]\; 80 \;[+]\; 20 = 140$ b) $77 \;[-]\; 27 \;[-]\; 30 = 20$ c) $100 \;[-]\; 80 \;[-]\; 19 = 1$ d) $45 \;[+]\; 45 \;[+]\; 3 = 93$

e) $23 \;[+]\; 50 \;[-]\; 13 = 60$ f) $75 \;[+]\; 80 \;[-]\; 20 = 135$ g) $210 \;[-]\; 40 \;[+]\; 15 = 185$ h) $66 \;[+]\; 77 \;[-]\; 55 = 88$

5 Ergänze.
Hinweis: Bei b stehen in der ersten Spalte die Minuenden und in der ersten Zeile die Subtrahenden.

a)

+	60	120	301	417
800	860	920	1101	1217
78	138	198	379	495
117	177	237	418	534

b)

−	70	170	302	429
800	730	630	498	371
433	363	263	131	4
516	446	346	214	87

---

6 Ergänze die fehlenden Zahlen in den Additionsmauern.
Hinweis: Beide Summanden stehen jeweils unter der Summe, beispielsweise gilt bei a und c unten links 4 + 3 = 7.

a)
```
          65
       32    33
     15   17    16
    6   9    8    8
   4   2   7   1   7
```

b)
```
          52
       23    29
     11   12    17
    7   4    8    9
   4   3   1   7   2
```

c)
```
         106
       47    59
     19   28    31
    7   12   16   15
   4   3   9   7   8
```

d)
```
         1131
      988    143
    911   77    66
   878   33   44   22
  874   4   29   15   7
```

7 Alle Lösungen sind falsch. Markiere die Fehlerursachen und berechne die Ergebnisse.

a) $728 + 398 = 126$ → 1126 b) $528 - 422 = 950$ → 106

c) $73\_ + 270 = 1000$ → 343 d) $111 - 22 = 98$ → 89

e) $256 + 255 = 1$ → 511 f) $161 - 76 = 97$ → 85

Weiterführende Aufgaben

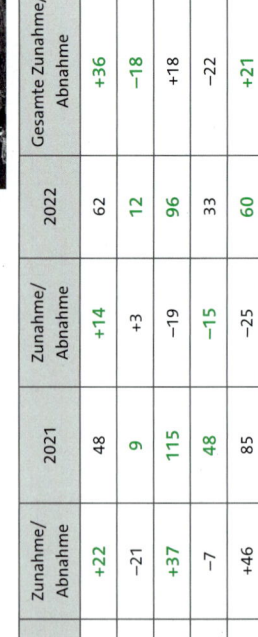

8 Karin beobachtet die Vögel in ihrem Garten. Jedes Jahr führt sie eine Strichliste, wie oft sie welchen Vogel gesehen hat. Zusätzliche berechnet sie jedes Jahr, wie viele Vögel mehr oder weniger sie gesehen hat. Ihre Beobachtungen hat sie in einer Tabelle festgehalten.

a) Vervollständige die Tabelle.

	2020	Zunahme/Abnahme	2021	Zunahme/Abnahme	2022	Gesamte Zunahme/Abnahme
Amsel	26	+22	48	+14	62	+36
Blaumeise	30	−21	9	+3	12	−18
Elster	78	+37	115	−19	96	+18
Buchfink	55	−7	48	−15	33	−22
Buntspecht	39	+46	85	−25	60	+21

b) Begründe, warum Karin trotz ihrer Beobachtung nichts darüber aussagen kann, wie viele Vögel welcher Art in der Nähe ihres Gartens leben.

Karin könnte mehrfach den gleichen Vogel gesehen und in ihrer Strichliste vermerkt haben.

So wäre die Anzahl der Vögel geringer als ihre Beobachtung.

Multiplizieren und Dividieren

Es gibt mehrere Möglichkeiten, Zahlen zu multiplizieren und zu dividieren:
- Zerlege die 72 in Zehner und Einer und multipliziere jeweils mit 4.
- Zerlege die 96 in Summanden, die durch 3 teilbar sind und dividiere jeweils durch 3.
- Es wird zuerst ein Faktor vereinfacht und danach durch Addieren oder Subtrahieren ausgeglichen.

Beispiele:
4 · 72 = 4 · 70 + 4 · 2 = 280 + 8 = 288
96 : 3 = 90 : 3 + 6 : 3 = 30 + 2 = 32
5 · 69 = 5 · 70 − 5 · 1 = 350 − 5 = 345

Auftrag: Ergänze in den Beispielen die Rechenzeichen und die Ergebnisse.

Basisaufgaben

1 Markiere alle Zahlen mit der gleichen Farbe, deren Produkt 100 ist.
Zusatzaufgabe: Markiere mehr als zwei Zahlen mit der gleichen Farbe, deren Produkt 100 ist.

100 A	20 B	2 C	10 D
25 E	50 C	10 D	5 B
4 E	1000	13	1 A

F | B | F | F

1 kann immer zusätzlicher Faktor sein.

2 Das Ergebnis steht über den Aufgaben. Vervollständige die Aufgaben.

Multiplizieren
Faktor · Faktor = Produkt
Dividieren
Dividend : Divisor = Quotient

a) **24000**
24 · 1000
240 · 100
2400 · 10

b) **560000**
560 · 1000
5600 · 100
56 · 10000

c) **48**
480 : 10
4800 : 100
48000 : 1000

d) **720**
720000 : 1000
7200 : 10
72000 : 100

3 Ergänze die Ergebnisse.
a) 33 · 10 = 330
b) 56 · 100 = 5600
c) 4500 · 10 = 45000
d) 340 · 1000 = 340000
e) 340 : 10 = 34
f) 500 : 100 = 5
g) 750000 : 1000 = 750
h) 44000 : 2000 = 22

4 Multipliziere wie in den Beispielen im Wissen.
a) 33 · 4 = 132
b) 27 · 11 = 297
c) 12 · 12 = 144
d) 11 · 11 = 121
e) 17 · 17 = 289
f) 15 · 30 = 450
g) 60 · 100 = 6000
h) 23 · 30 = 690
i) 18 · 19 = 342
j) 21 · 20 = 420
k) 9 · 48 = 432
l) 45 · 4 = 180

5 Dividiere wie in den Beispielen im Wissen.
a) 144 : 12 = 12
b) 90 : 5 = 18
c) 289 : 17 = 17
d) 54 : 9 = 6
e) 350 : 5 = 70
f) 160 : 8 = 20
g) 625 : 25 = 25
h) 630 : 70 = 9
i) 81 : 9 = 9
j) 420 : 20 = 21
k) 80 : 80 = 1
l) 4000 : 5 = 800

23 →·3 69   69 :3

6 Ergänze die fehlenden Zahlen in den Multiplikationsmauern.
Hinweis: Beide Faktoren stehen jeweils unter dem Produkt, beispielsweise gilt bei unten links 5 · 2 = 10.

a)
96
4 | 24
2 | 2 | 12
2 | 1 | 2 | 6
2 | 1 | 1 | 2 | 3

b)
192
8 | 24
2 | 4 | 6
1 | 2 | 2 | 3
1 | 2 | 1 | 2 | 3

c)
6480
120 | 54
20 | 6 | 9
10 | 2 | 3 | 3
5 | 2 | 1 | 3 | 1

d)
24000000
4000 | 6000
40 | 100 | 60
4 | 10 | 10 | 6
2 | 2 | 5 | 2 | 3

7 Ergänze die Rechenzeichen bzw. Zahlen.
a) 12 · 15 = 180
b) 100 : 20 = 5
c) 17 · 2 = 34
d) 200 : 8 = 25
e) 7 · 9 = 63
f) 110 : 11 = 10
g) 21 · 5 = 105
h) 15 · 30 = 450

Weiterführende Aufgaben

8 Eine Gärtnerei bestellt Samen für Kürbispflanzen für 3 € pro Päckchen. In einem Päckchen befinden sich rund 6 Kürbissamen.
a) Berechne, wie viele Päckchen gekauft werden müssen, um ein Feld mit 246 Pflanzen und ein Gewächshaus mit 96 Pflanzen auszustatten.

246 : 6 = 41   96 : 6 = 16   41 + 16 = 57

Es müssen 57 Päckchen bestellt werden.

b) Berechne die Gesamtkosten.

3 € · 57 = 171 €

Die Gesamtkosten für die Samenpäckchen betragen 171 €

9 Die Einlassbereiche für Kinos sind unterschiedlich groß. Je mehr Schalter am Einlassbereich, desto mehr Leute können pro Minute den Einlass passieren.

	Personen am Einlass pro min	verkaufte Tickets	Zeit in Minuten
Kino am Markt	4	124	31
Cinematic	9	171	19
City-Movie	12	156	13
Arthouse-Film	3	87	29

a) Berechne mithilfe der Tabelle, wie lange es dauert, bis alle Personen, den Einlass passiert haben, die ein Ticket gekauft haben.
b) Für ein Konzert wurden 10000 Tickets verkauft. Bei der Konzerthalle sind für den Einlass 120 Minuten geplant. Pro Minute können 90 Personen den Einlass passieren. Berechne, ob genug Zeit eingeplant wurde, damit alle Zuschauer innerhalb der Zeit den Einlass passieren können.

120 · 90 = 10800 Die Zeit reicht aus, damit alle Zuschauer den Einlass passieren können.

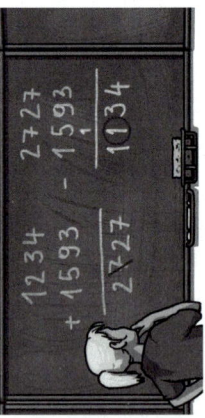

Schriftliches Addieren und Subtrahieren

- Beim schriftlichen Addieren und Subtrahieren ist zu beachten, dass
  – alle Zahlen stellengerecht untereinandergeschrieben werden,
  – rechts (beim Einer) mit dem Rechnen begonnen wird und
  – der Übertrag in die jeweils nächste Spalte geschrieben wird.
- Mithilfe einer Überschlagsrechnung (Ü) kann man vorher das Ergebnis grob bestimmen oder die Lösung kontrollieren.

Auftrag: Ergänze die Beispiele.

Beispiele:

	5	3	1			2	3	9
+	8	7			–	1	4	7
		1						1
	6	1	8				9	2

Ü: 500 + 90 = 590   Ü: 240 – 140 = 100

Basisaufgaben

1 Kreuze alle passenden Überschlagsrechnungen an und ergänze die Ergebnisse.
Zusatzaufgabe: Gib die Strategien der Überschlagsrechnungen an. **individuelle Lösung**

a) 7458 + 1809 = **9267** ☐ 7000 + 1000 = **8000** ☒ 7000 + 2000 = **9000** ☒ 7500 + 1800 = **9300**

b) 789 + 408 + 78 = **1275** ☐ 700 + 400 + 70 = **1170** ☒ 800 + 400 + 80 = **1280** ☒ 800 + 500 = **1300**

c) 9802 – 4138 = **5664** ☐ 9000 – 4000 = **5000** ☐ 9000 + 4000 = **13000** ☒ 10000 – 4000 = **6000**

2 Überschlage (Ü) zunächst das Ergebnis. Rechne anschließend schriftlich.

a) Ü: 8000

	7	1	3	7
+		8	4	1
	7	9	7	8

b) Ü: 12000

	5	4	8	9
+	6	7	5	2
	1	1	1	1
1	2	2	4	1

c) Ü: 100000

	4	0	9	2	3
+	5	9	2	5	0
		1	1	1	
1	0	0	1	7	3

d) Ü: 80000

	7	2	0	4	5
+		9	7	9	7
		1		1	1
	8	1	8	4	2

e) Ü: 26000

	8	9	7	3
+	8	2	8	2
+	8	8	1	0
	2	2	1	
2	6	0	6	5

f) Ü: 14000

	7	8	8	6
+	5	0	2	1
+	1	1	8	9
	1	1	1	
1	4	0	9	6

g) Ü: 15000

	8	9	9	2
+	5	2	3	0
+	1	4	2	3
	1	1		
1	5	6	4	5

h) Ü: 7000

	3	6	4	5
+	8	2	9	
+	1	9	5	7
	2	1	2	
	6	4	3	1

i) Ü: 1000

	9	2	5	9
–	8	1	0	4
		1		
	1	1	5	5

j) Ü: 4000

	9	0	0	3
–	4	9	0	4
		1	1	
	4	0	9	9

k) Ü: 8000

	7	7	0	6	3
–	6	9	0	1	4
		1		1	
	8	0	4	9	

l) Ü: 4000

	1	2	3	4	0
–	8	4	5	1	
	1	1	1	1	
	3	8	8	8	9

m) Ü: 700

	1	1	0	5
–	2	6	6	
–	1	1	3	
	1	1	1	
	7	2	6	

n) Ü: 6600

	7	5	4	4
–	7	8	9	
–	1	1	9	
	1	1	1	
6	6	3	6	

o) Ü: 900

	1	9	9	9
–	8	7		
–	1	0	1	3
	1	1		
	8	9	9	

p) Ü: 400

	7	7	9
–		9	
–	3	7	7
	1	1	
3	9	3	

3 Subtrahiere zuerst schriftlich.
Überprüfe danach das Ergebnis durch eine Addition.

	2	5	7	8	€	Probe:		2	3	7	1	€
–		1	2	1	€		+			8	6	€
–			8	6	€		+			1	2	1	€
				1							1	
	2	3	7	1	€			2	5	7	8	€

4 Rechne schriftlich.
Überschlage im Kopf und vergleiche mit deinem Ergebnis.

a) In einem Fußballstadion gibt es 69 250 Plätze. 52 154 Tickets wurden bereits verkauft. Berechne, wie viele freie Plätze es noch gibt.

Im Fußballstadion sind noch **17 096**   Plätze frei.

	6	9	2	5	0
–	5	2	1	5	4
				1	1
1	7	0	9	6	

b) Ein Bergsteiger hat auf dem Mount Everest bereits 3455 m erklommen.
Er hat noch weitere 5393 m vor sich. Berechne die Höhe des Mount Everest.

Der Mount Everest ist **8848**   m hoch.

	3	4	5	5
+	5	3	9	3
			1	
8	8	4	8	

c) Eine Firma hat 16 235 Microchips hergestellt. 2611 sind jedoch fehlerhaft.
Berechne die Anzahl der fehlerfreien Microchips.

13 642   Microchips sind fehlerfrei.

	1	6	2	3	5
–		2	6	1	1
			1		
	1	3	6	2	4

Weiterführende Aufgaben

5 Gleiche Symbole stehen für gleiche Ziffern.
Unterschiedliche Symbole stehen für unterschiedliche Ziffern.
Schreibe die passenden Ziffern in die Symbole.
Hinweis: Nutze einen Bleistift und einen Radiergummi.

⬡5 ⬡7 ⬡5 ⬡0 → ⬡3 ⬡0 ⬡7 ☆6

+ ⬡7 ⬡7 ⬡5 ⬡0 → ⬡7 ⭘2 ☆6

⬡1 ⬡3 ⬡5 ⬡0 → ⬡2 ⬡3 ⬡5 ⬡0

6 Frau Gensler schreibt sich seit 2018 alle Ausgaben und Einnahmen eines Jahres genau auf. So hat sie am Ende des Jahres einen Überblick, wie viel sie in diesem Jahr und insgesamt gespart hat.

a) Vervollständige die Tabelle.

Jahr	Ersparnisse pro Jahr	gesamte Ersparnisse
2018	2282 €	2282 €
2019	3246 €	5528 €
2020	1156 €	6684 €
2021	5066 €	11750 €
2022	3648 €	15398 €

b) Kreuze die richtigen Aussagen an.

	wahr	falsch
2019 sind Frau Genslers Ersparnisse am stärksten gewachsen.		☒
2022 waren Frau Genslers Ersparnisse am größten.	☒	

überschlagen   subtrahieren

Schriftliches Multiplizieren und Dividieren

Schriftliches Multiplizieren: Multipliziere die 1 und die 3 nacheinander mit jeder Stelle von 391. Addiere dann stellengerecht die Ergebnisse.

Schriftliches Dividieren: Dividiere die Stellen von 540 nacheinander durch 45. Beginne mit der Hunderter- und Zehnerstelle.

Beispiele:

```
3 9 1 · 1 3
3 9 1
+ 1 1 7 3
    1
5 0 8 3
```

```
5 4 0 : 4 5 = 1 2
- 4 5
    9 0
  - 9 0
      0
```
Probe:
```
4 5 · 1 2
4 5
+ 9 0
5 4 0
```

Ü: 4 0 0 · 1 0 = 4 0 0 0

Ü: 5 0 0 : 5 0 = 1 0

Auftrag: Ergänze die Beispiele.

Basisaufgaben

1 Ordne mithilfe des Überschlags jeder Aufgabe ihr Ergebnis zu. Verbinde mit einem Lineal.

456 · 41   6336 : 33   941 · 87   744 : 12   3321 : 78   458 · 8

192   1523   259038   18696   81867   62   3664

2 Schreibe das Ergebnis des Überschlags (Ü) auf und multipliziere schriftlich.

a) Ü: 5000 · 3 = 15000
```
4 7 8 4 · 3
1 4 3 5 2
```

b) Ü: 10000 · 7 = 70000
```
1 3 4 8 9 · 7
9 4 4 4 2 3
```

c) Ü: 70000 · 6 = 420000
```
7 4 4 5 6 · 6
4 4 6 7 3 6
```

d) Ü: 40 · 20 = 800
```
3 5 · 2 4
    7 0
+ 1 4 0
  8 4 0
```

e) Ü: 50 · 30 = 1500
```
4 6 · 3 2
1 3 8
+ 9 2
1 4 7 2
```

f) Ü: 600 · 20 = 12000
```
5 9 7 · 1 9
5 3 7 3
+ 5 3 7 3
    1 1 1
1 1 3 4 3
```

g) Ü: 6000 · 20 = 120000
```
5 6 4 5 · 2 3
1 1 2 9 0
+ 1 6 9 3 5
        1
1 2 9 8 3 5
```

h) Ü: 10000 · 70 = 700000
```
9 6 4 6 · 6 7
5 7 8 7 6
+ 6 7 5 2 2
    1 1 1
6 4 6 2 8 2
```

i) Ü: 30000 · 50 = 1500000
```
3 0 5 7 9 · 4 5
1 2 2 3 1 6
+ 1 5 2 8 9 5
      1 1
1 3 7 6 0 5 5
```

3 Stelle dir vor, du sollst schriftlich multiplizieren. Kreuze die leichtere Aufgabe (günstigere Schreibweise) an. Zusatzaufgabe: Formuliere eine Regel.

a) [x] 1953 · 7   [ ] 7 · 1953
b) [x] 137 · 458   [ ] 458 · 137
c) [ ] 27 · 125   [x] 125 · 27

Die Zahl mit den meisten Stellen sollte der erste Faktor sein.

4 Überschlage zuerst. Dividiere danach schriftlich. Überprüfe durch eine Multiplikation.

a) Ü: 900 : 6 = 150
```
9 3 6 : 6 = 1 5 6
- 6
  3 3
- 3 0
    3 6
  - 3 6
      0
```
Probe:
```
1 5 6 · 6
9 3 6
```

b) Ü: 4500 : 9 = 500
```
4 7 4 3 : 9 = 5 2 7
- 4 5
    2 4
  - 1 8
      6 3
    - 6 3
        0
```
Probe:
```
5 2 7 · 6
4 7 4 3
```

c) Ü: 6000 : 10 = 600
```
5 8 6 3 : 1 3 = 4 5 1
- 5 2
    6 6
  - 6 5
      1 3
    - 1 3
        0
```
Probe:
```
4 5 1 · 1 3
4 5 1
+ 1 3 5 3
5 8 6 3
```

5 In einer Fabrik werden Pralinenschachteln von einer Maschine automatisch gefaltet und befüllt. Pro Minute schafft die Maschine 26 Schachteln. Je 12 Schachteln passen in eine Kiste. Berechne, wie viele Kisten mit Pralinenschachteln in 24 Stunden produziert werden.

24 Stunden = 1440 Minuten

```
1 4 4 0 · 2 6
2 8 8 0
+ 8 6 4 0
      1 1
3 7 4 4 0
```

```
3 7 4 4 0 : 1 2 = 3 1 2 0
- 3 6
    1 4
  - 1 2
      2 4
    - 2 4
        0 0
```

In 24 Stunden kann die Maschine 3120 Kisten mit Pralinenschachteln produzieren.

Weiterführende Aufgaben

6 Der Pacific Crest Trail ist ein 4265 km langer Fernwanderweg. Anka kann pro Tag 18 km zurücklegen. Täglich benötigt sie ca. 50 g Haferflocken. Berechne, wie viele Haferflocken Anka für ihre gesamte Wanderung braucht.
Hinweis: Restliche Kilometer bedeuten einen zusätzlichen Wandertag.

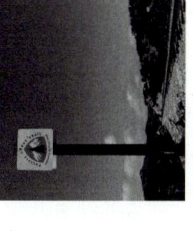

```
4 2 6 5 : 1 8 = 2 3 6 R 1 7
- 3 6
    6 6
  - 5 4
    1 2 5
  - 1 0 8
      1 7
```

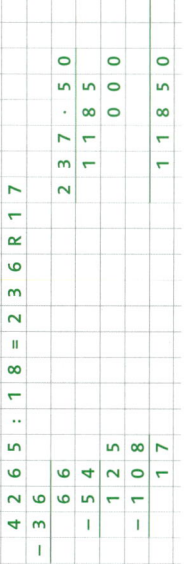

```
2 3 7 · 5 0
1 1 8 5
0 0 0
1 1 8 5 0
```

Anka benötigt für ihre Wanderung 11850 g (11,8 kg) Haferflocken.

7 Ergänze die Rechnungen.

a)
```
5 8 9 7 : 25 = 2 3 5 R 2 2
- 5 0
    8 9
  - 7 5
    1 4 7
  - 1 2 5
      2 2
```
```
2 3 5 · 2 5
4 7 0
+ 1 1 7 5
5 8 7 5
```
2 2 + 5 8 7 5 = 5 8 9 7

b)
```
1 7 0 6 : 9 = 1 8 9 R 5
- 9
  8 0
- 7 2
    8 6
  - 8 1
      5
```
```
1 8 9 · 9
1 7 0 1
```
5 + 1 7 0 1 = 1 7 0 6

Rechengesetze

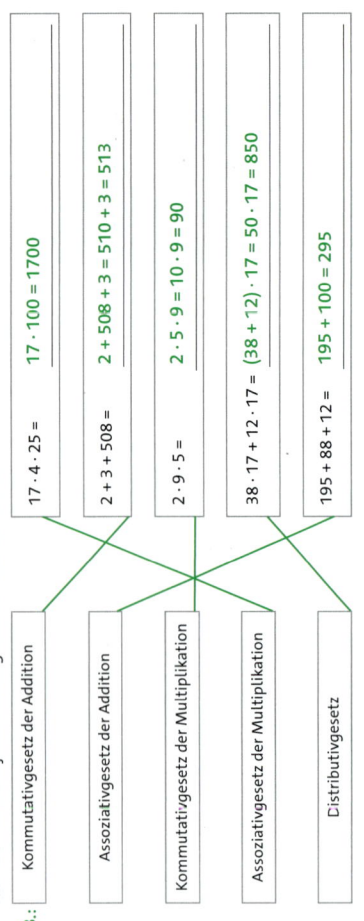

- **Kommutativgesetz**
$a + b = b + a$
$a \cdot b = b \cdot a$

- **Assoziativgesetz**
$(a + b) + c = a + (b + c)$
$(a \cdot b) \cdot c = a \cdot (b \cdot c)$

- **Distributivgesetz:**
$a \cdot (b + c) = a \cdot b + a \cdot c$

Beispiele:
$15 + 97 = 97 + 15 = 112$
$5 \cdot 21 = 21 \cdot 5 = 105$
$17 + 44 + 56 = 17 + (44 + 56) = 117$
$7 \cdot 4 \cdot 5 = 7 \cdot (4 \cdot 5) = 140$
$5 \cdot (40 + 6) = 200 + 30 = 230$

Auftrag: Ergänze die Beispiele.

Basisaufgaben

1 Setze geschickt ein Klammerpaar und berechne schrittweise das Ergebnis.

a) $88 + (66 + 44)$
$= 88 + 110$
$= 198$

b) $346 + (478 + 22) + 8$
$= 346 + 500 + 8$
$= 854$

c) $(25 \cdot 8) \cdot 17$
$= 200 \cdot 17$
$= 3400$

d) $25 \cdot (5 \cdot 4) \cdot 11$
$= (25 \cdot 20) \cdot 11$
$= 5500$

2 Rechne vorteilhaft.

a) $458 + 14 + 52 = 524$
b) $7 + 45 + 45 = 97$
c) $19 + 74 + 46 = 139$
d) $62 + 55 + 728 = 845$
e) $58 + 75 + 22 = 155$
f) $775 + 14 + 25 = 814$
g) $19 \cdot 2 \cdot 5 = 190$
h) $8 \cdot 5 \cdot 5 = 200$

3 Vervollständige zuerst die Rechenbäume. Gib danach, wenn möglich, passende Rechenausdrücke an.
Zusatzaufgabe: Was fällt dir auf?

a) b) c)

$6 \cdot 25 + 8 \cdot 25$ $(8 + 6) \cdot 25$ $25 \cdot 8 + 25 \cdot 6$

Alle Lösungen sind gleich. Mithilfe der Rechengesetze kann man die Rechenausdrücke ineinander überführen.

4 Ordne Aufgaben mit dem gleichen Ergebnis mithilfe des Distributivgesetzes einander zu. Verbinde mit einem Lineal.
Zusatzaufgabe: Löse die Aufgaben auf einem zusätzlichen Blatt.

| $(53 + 12) \cdot 17$ | $(53 + 17) \cdot 12$ | $(17 + 12) \cdot 35$ | $(35 + 12) \cdot 17$ | $(35 + 21) \cdot 17$ | $(25 + 31) \cdot 17$ |

| $53 \cdot 12 + 17 \cdot 12$ | $53 \cdot 17 + 12 \cdot 17$ | $25 \cdot 17 + 31 \cdot 17$ | $35 \cdot 17 + 21 \cdot 17$ | $35 \cdot 17 + 12 \cdot 17$ | $17 \cdot 35 + 12 \cdot 35$ |

$= 840$ $= 1105$ $= 952$ $= 952$ $= 799$ $= 1015$

---

5 Rechne vorteilhaft.

a) $7 \cdot 7 + 7 \cdot 13 = 7 \cdot (7 + 13) = 7 \cdot 20 = 140$
b) $35 \cdot 2 + 35 \cdot 18 = 35 \cdot (2 + 18) = 35 \cdot 20 = 700$
c) $12 \cdot 37 + 12 \cdot 13 = 12 \cdot (37 + 13) = 12 \cdot 50 = 600$
d) $6 \cdot 7 + 4 \cdot 6 = 6 \cdot (7 + 4) = 6 \cdot 11 = 66$
e) $120 \cdot 7 + 7 \cdot 80 = 7 \cdot (120 + 80) = 7 \cdot 200 = 1400$
f) $6 \cdot 16 + 14 \cdot 16 = 16 \cdot (6 + 14) = 16 \cdot 20 = 320$
g) $1 \cdot 77 + 9 \cdot 77 = 77 \cdot (1 + 9) = 77 \cdot 10 = 770$
h) $77 \cdot 0 + 77 \cdot 2 = 0 + 154 = 154$

6 Verbinde jedes Gesetz mit passenden Aufgaben und berechne das Ergebnis. Verbinde mit einem Lineal.
Hinweis: Versuche jedes Gesetz genau ein Mal zuzuordnen.

z. B.: Kommutativgesetz der Addition	$17 \cdot 4 \cdot 25 =$	$17 \cdot 100 = 1700$
Assoziativgesetz der Addition	$2 + 3 + 508 =$	$2 + 508 + 3 = 510 + 3 = 513$
Kommutativgesetz der Multiplikation	$2 \cdot 9 \cdot 5 =$	$2 \cdot 5 \cdot 9 = 10 \cdot 9 = 90$
Assoziativgesetz der Multiplikation	$38 \cdot 17 + 12 \cdot 17 =$	$(38 + 12) \cdot 17 = 50 \cdot 17 = 850$
Distributivgesetz	$195 + 88 + 12 =$	$195 + 100 = 295$

7 Kreuze die Rechenausdrücke an, die aufgrund der Rechengesetze das gleiche Ergebnis wie $4 \cdot (16 + 6)$ haben.
Hinweis: Nutze, wenn nötig, ein zusätzliches Blatt zum Rechnen.

☐ $4 \cdot 16 + 6$ ☒ $4 \cdot 16 + 4 \cdot 6$ ☒ $16 \cdot 4 + 6 \cdot 4$ ☐ $4 + 4 \cdot 16 + 6$

8 Eliana sagt: „Zuerst addiere ich 12 und 9. Danach multipliziere ich das Ergebnis mit 3 und subtrahiere abschließend 5."
Schreibe einen passenden Rechenausdruck auf und berechne.

$(12 + 9) \cdot 3 - 5 = 63 - 5 = 58$

Weiterführende Aufgaben

9 Ergänze die Rechenzeichen.

a) $15 \;[\cdot]\; 5 \;[+]\; 15 \;[:]\; 5 = 150$
b) $8 \;[\cdot]\; 37 \;[+]\; 43 \;[\cdot]\; 8 = 640$
c) $55 \;[:]\; 5 \;[-]\; 25 \;[:]\; 5 = 6$
d) $15 \;[\cdot]\; 21 \;[-]\; 4 \;[\cdot]\; 21 = 231$
e) $57 \;[-]\; 33 \;[+]\; 51 \;[\cdot]\; 2 = 121$
f) $99 \;[\cdot]\; 3 \;[+]\; 77 \;[\cdot]\; 0 = 297$
g) $(4 \;[+]\; 6) \;[\cdot]\; (7 \;[-]\; 2) = 50$
h) $400 \;[-]\; (11 \;[:]\; 5 \;[+]\; 63) = 282$

10 Überprüfe zuerst, ob richtig (r) und vorteilhaft (v) gerechnet wurde. Kreuze Zutreffendes an.
Unterstreiche danach, wenn möglich, die Fehler.

a) $45 + 75 + 48 + 7 + 23 + 12 = (45 + 75) + (48 + 12) + (23 + 7) = 110 + (60 + 30) = 200$ ☐ r ☒ v
b) $5 \cdot 70 \cdot 50 \cdot 7 \cdot 4 = 350 \cdot 50 \cdot 28 = 17500 \cdot 28 = 490000$ ☒ r ☐ v
c) $20 \cdot (4 + 56 - 25 : 5) = 20 \cdot (56 + 4) - 25 : 5 = 20 \cdot 60 - 25 : 5 = 20 \cdot 35 : 5 = 20 \cdot 7 = 140$ ☐ r ☒ v

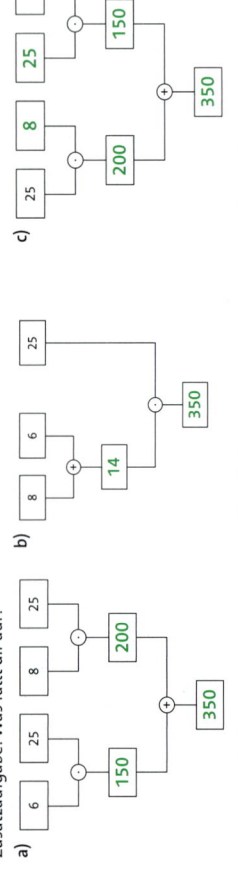

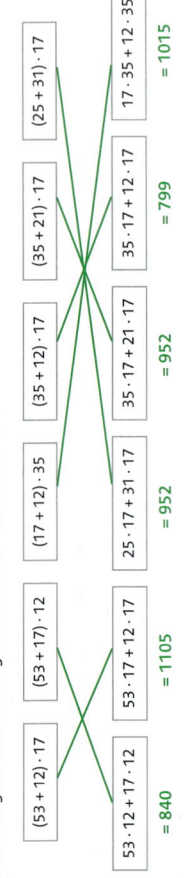

KlaPS-Regel
1. Klammern
2. Punktrechnung
3. Strichrechnung

Teilbarkeitsregeln

Beispiele:

• **Endziffernregeln**

Eine Zahl ist durch **2** teilbar, wenn sie auf 2, 4, 6, 8 oder 0 endet.   2 | 278

Eine Zahl ist durch **5** teilbar, wenn sie auf 5 oder 0 endet.   5 | 225

Eine Zahl ist durch **10** teilbar, wenn sie auf 0 endet.   10 | 220

• **Quersummenregeln**

Eine Zahl ist durch **3** teilbar, wenn ihre Quersumme durch 3 teilbar ist.   3 | 276, da 3 | 15 (2 + 7 + 6 = 15)

Eine Zahl ist durch **9** teilbar, wenn ihre Quersumme durch 9 teilbar ist.   9 | 279, da 9 | 18 (2 + 7 + 9 = 18)

Eine Zahl ist durch **6** teilbar, wenn sie durch 2 und 3 teilbar ist.   6 | 276, da 2 | 276 und 3 | 276

Auftrag: Ergänze die Regeln und die Beispiele.

Basisaufgaben

1 Kreuze Zutreffendes an.

	10	20	45	100	130	153	162	180	195	196	199	220	645	895
Zahlen, die durch 10 teilbar sind …	x	x		x	x			x				x		
Zahlen, die durch 5 teilbar sind …	x	x	x	x	x			x	x			x	x	x
Zahlen, die durch 2 teilbar sind …	x	x		x	x		x	x		x		x		

2 Berechne die Quersummen und kreuze Zutreffendes an.

Hinweis: Die Quersumme einer Zahl ist die Summe aller Ziffern dieser Zahl.

Quersumme	9	27	72	369	963	693	702	183	178	580	110	890	786	942
Quersumme	9	9	9	18	18	18	9	12	16	13	2	17	21	15
Zahlen, die durch 3 teilbar sind …	x	x	x	x	x	x	x	x					x	x
Zahlen, die durch 6 teilbar sind …			x				x						x	x
Zahlen, die durch 9 teilbar sind …	x	x	x	x	x	x	x							

3 Berechne, wenn nötig, die Quersummen und kreuze Zutreffendes an.

	72	105	288	45	320	457	5616	9632	6666	4852	2160
2 ist Teiler von …	x		x		x		x	x	x	x	x
3 ist Teiler von …	x	x	x	x			x		x		x
5 ist Teiler von …		x		x	x						x
6 ist Teiler von …	x		x				x		x		x
9 ist Teiler von …	x		x	x			x				x
10 ist Teiler von …					x						x

---

4 Ordne die Zahlen, wenn möglich, den Mengen zu.

Gemeinsame Mengen sind weiß.

Keine gemeinsamen Mengen sind blau.

15; 16; 24; 31; 36; 42; 50; 54; 75; 120

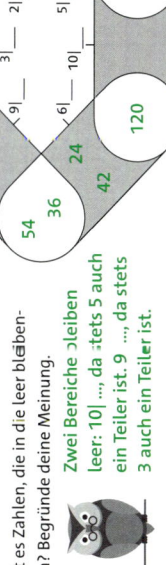

Zusatzaufgabe: Gibt es Zahlen, die in die leer bleibenden Bereiche passen? Begründe deine Meinung.

Zwei Bereiche bleiben leer: 10| …, da stets 5 auch ein Teiler ist. 9 …, da stets 3 auch ein Teiler ist.

Wenn a | b und a | c, dann a | (b + c) und a | (b · c).

5 Gib alle Ziffern an, die für das Sternchen eingesetzt werden können.

a) 2 | 1458*   0; 2; 4; 6; 8
b) 3 | 4*53*   1; 4; 7
c) 5 | 30523*   0; 5
d) 6 | 12*02   1; 4; 7
e) 9 | 1*2*0   8
f) 10 | 812*0   0; 1; …8; 9

Weiterführende Aufgaben

6 Schreibe in die Kreise die vorgegebenen Teiler der Zahlen.

Hinweis: Da 4 ein Teiler von 12 und 20 ist, gehört 4 in einen Kreis an beiden Sternen.

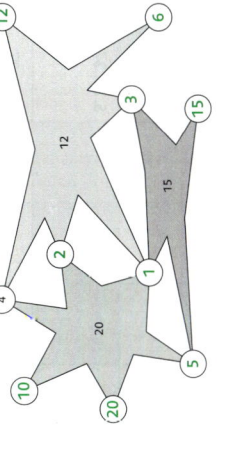

7 Anna, Ben, Charlotte, Dunja, Ezra und Firouz machen ein Zeitexperiment auf dem Sportplatz. Anna braucht 1 Minute, um ein Mal die Bahn um den Sportplatz zu laufen. Ben braucht 2 Minuten, Charlotte 3 Minuten, Dunja 4 Minuten, Ezra 5 Minuten und Firouz 6 Minuten. Alle starten gleichzeitig an der gleichen Stelle auf der Bahn.

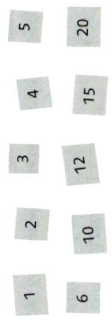

a) Gib an, nach wie vielen Minuten sich die entsprechenden Personen wieder am Start treffen.

Anna und Ben treffen sich nach **2** Minuten wieder am Start.

Ben und Charlotte treffen sich nach **6** Minuten wieder am Start.

Dunja und Firouz treffen sich nach **12** Minuten wieder am Start.

Charlotte und Ezra treffen sich nach **15** Minuten wieder am Start.

b) Gib an, wer sich nach der entsprechenden Zeit wieder am Start trifft.

Nach 20 Minuten treffen sich Anna, Ben, Dunja und Ezra wieder am Start.

Nach 33 Minuten treffen sich Anna und Charlotte wieder am Start.

Nach 35 Minuten treffen sich Anna und Ezra wieder am Start.

Nach 42 Minuten treffen sich Anna, Ben, Charlotte und Firouz wieder am Start.

c) Gib an, nach wie vielen Minuten sich alle Kinder wieder am Start treffen.

Nach 60 Minuten treffen sich alle Kinder wieder am Start.

Koordinaten

- Ein Koordinatensystem hat zwei Strahlen, die senkrecht aufeinander stehen. Sie heißen x-Achse und y-Achse und beginnen im Ursprung.
- Die Achsen haben eine gleichmäßige Einteilung.
- Jeder Punkt P kann mit seinen Koordinaten P(x | y) angegeben werden.
- Die Koordinaten P(5|1) bedeuten, dass du vom Ursprung aus 5 Schritte nach rechts und 1 Schritt nach oben gehen musst.

Beispiel:

× A(3|2)

× B(6|1)

Auftrag: Ergänze die Koordinaten der Punkte A und B.

Basisaufgaben

1 Vervollständige die Angaben zu den im Koordinatensystem eingezeichneten Punkten.

A(1| 3)   B(5| 4)

C(6| 5)   D(2| 6)

E(2 |0)   F(1 | 4)

G(1 | 2)   H(2 | 5)

I(1 | 1)   S (0|2)

L(5 | 1)   K (0|5)

N(1 | 5)   O (3|4)

P(2 | 3)   M (5|0)

2 Zeichne die Punkte in das Koordinatensystem ein.
Hinweis: Beschrifte vorher die Achsen sinnvoll.

A(2|3)   B(6|1)

C(10|3)   D(12|7)

E(10|11) F(2|11)

G(0|7)   H(4|7)

I(6|5)   K(6|9)

L(8|7)   M(6|3)

Zusatzaufgabe: Was fällt dir auf?

Das entstandene Muster ist achsensymmetrisch.

3 Die Punkte P(2|1) und Q(5|3) sollen in einem Koordinatensystem liegen.
Zeichne die Koordinatenachsen und beschrifte diese.

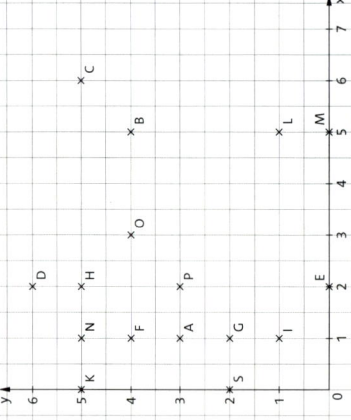

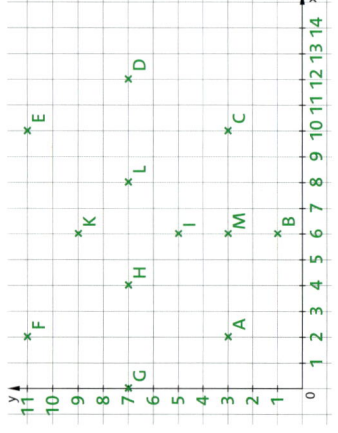

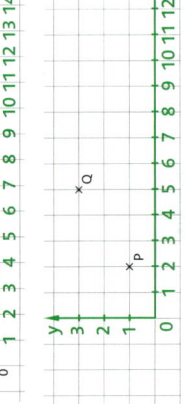

4 Ergänze zu g.eichartigen größeren Häusern und gib die Koordinaten der Punkte an.

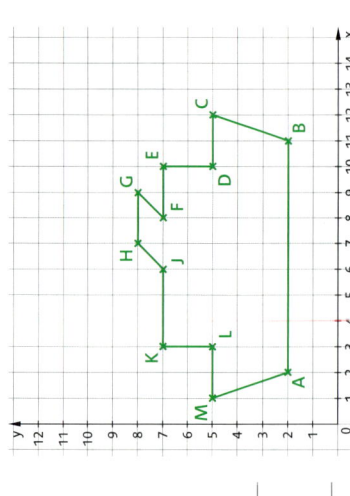

A(3 | 2)   B(5 | 2)

C(5 | 4)   D(4 | 5)

E(3 | 4)

F(8 | 1)   G(14| 1)

H(14| 7)   I(11| 10)

J(8 | 7)

K(2 | 7)   L(6 | 7)

M(6 | 11)   N(4 | 13)

O(2 | 11)

Weiterführende Aufgaben

5 Koordinatensystem

a) Trage die Punkte ins Koordinatensystem ein.
Verbinde die Punkte in alphabetischer Reihenfolge und den Funkt M mit dem Punkt A.

A(2|2)   H(7|8)   L(3|5)

E(10|7)   J(6|7)   G(9|8)

F(8|7)   C(12|5)   M(1|5)

B(11|2)   K(3|7)   D(10|5)

b) Nenne Strecken, die parallel zur x-Achse verlaufen.

$\overline{AB}$; $\overline{CD}$; $\overline{EF}$; $\overline{GH}$; $\overline{JK}$; $\overline{LM}$

c) Nenne Strecken, die parallel zur y-Achse verlaufen.

$\overline{DE}$; $\overline{KL}$

6 Jari hat eine Zeitkapsel gebastelt. Er versteckt sie im Garten und schreibt sich selbst eine Karte mithilfe eines Koordinatensystems, um sie in ein paar Jahren wiederzufinden. Dabei beschreiben die x- und y-Koordinate die Anzahl von Schritten.

Starte in P. Gehe von dort aus 4 Schritte nach Norden. Wende dich nach Osten und gehe 10 Schritte. Gehe 3 Schritte nach Süden und anschließend 5 Schritte nach Westen. Gehe von dort aus 7 Schritte nach Norden. Dort liegt die Zeitkapsel.

Beschrifte im Koordinatensystem die Koordinaten des Startpunkts, der Zeitkapsel und alle Punkte, an denen Jari die Richtung gewechselt hat. Beschrifte sie mit A, B, C und D.

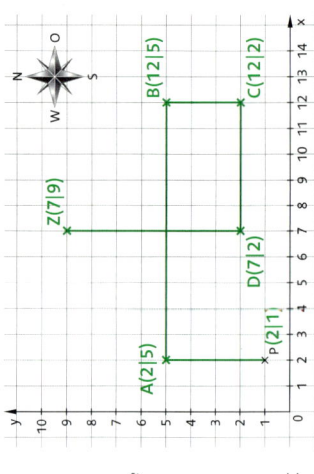

Achsensymmetrie

- Eine Figur, die man entlang einer Geraden so falten kann, dass die beiden Teile deckungsgleich sind, nennt man achsensymmetrisch.

- Die Gerade heißt Symmetrieachse.

- Bei einer Achsenspiegelung wird jeder Punkt so an einer Geraden (Spiegelachse) gespiegelt, dass sein Bildpunkt denselben Abstand zur Spiegelachse hat.

- Punkt und Bildpunkt liegen auf einer Geraden, die senkrecht zur Spiegelachse steht.

Beispiele:

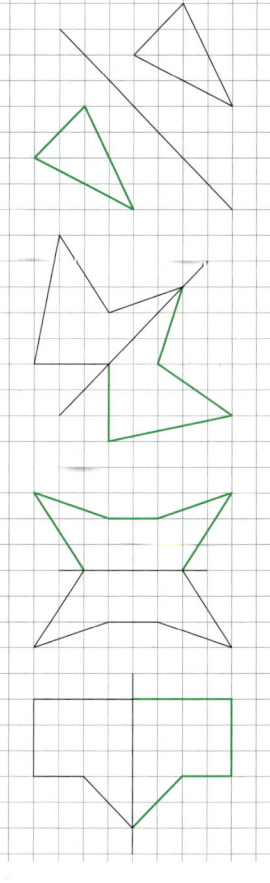

Auftrag: Zeichne in den Beispielen alle Symmetrieachsen ein. Zeichne im dritten Bild auch die Spiegelachsen ein.

Basisaufgaben

1 Zeichne in die Figuren alle Symmetrieachsen ein. Markiere gegebenenfalls unsymmetrische Stellen.
Zusatzaufgabe: Unter bestimmten Bedingungen ist eine der Figuren doch achsensymmetrisch. Begründe.
Die Uhr ist um 12 Uhr und 6 Uhr achsensymmetrisch.

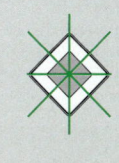

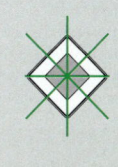
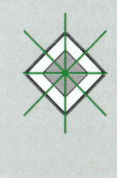

2 Spiegle die Figur an der Geraden g.
Hinweis zum Eulenkasten: Zum Originalpunkt A gehört der Bildpunkt A'.

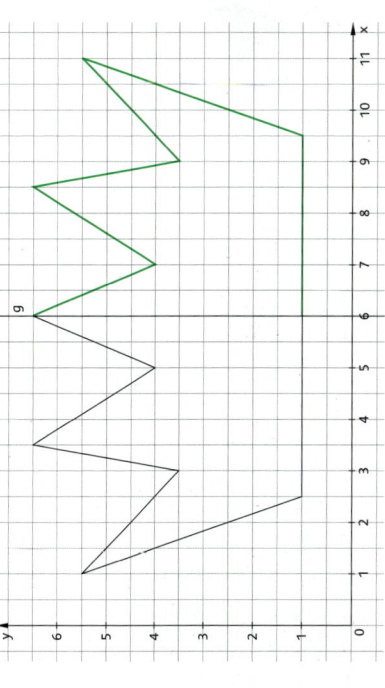

3 Spiegle die Figur an der roten Geraden.

4 Spiegle das Dreieck ABC zuerst an der Geraden g. Es entsteht das Dreieck A'B'C'.
Spiegle das Dreieck ABC danach an der Geraden h. Es entsteht das Dreieck A''B''C''.

Weiterführende Aufgaben

5 Zeichne weitere Karos oder Teile von Karos ein, sodass eine achsensymmetrische Figur entsteht, die nur eine einzige Symmetrieachse hat. Zeichne die Symmetrieachse ein.

z. B.:

Punktsymmetrie

- Eine Figur, die nach einer halben Drehung um einen Punkt Z genauso aussieht wie die Ausgangsfigur, heißt punktsymmetrisch. Der Punkt Z heißt Symmetriezentrum.
- Bei einer Punktspiegelung wird jeder Punkt so an einem Punkt (Spiegelpunkt) gespiegelt, dass sein Bildpunkt auf der Geraden liegt, die durch den Punkt und den Spiegelpunkt verläuft. Punkt und Bildpunkt haben denselben Abstand vom Spiegelpunkt.

Beispiele:

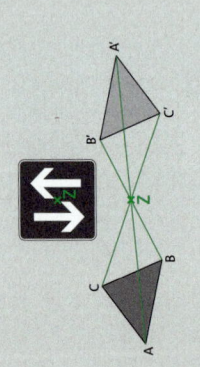

Auftrag: Zeichne in den Beispielen das Symmetriezentrum und den Spiegelpunkt ein.

Basisaufgaben

1 Kreuze alle punktsymmetrischen Karten an.

2 Ergänze zu punktsymmetrischen Figuren.

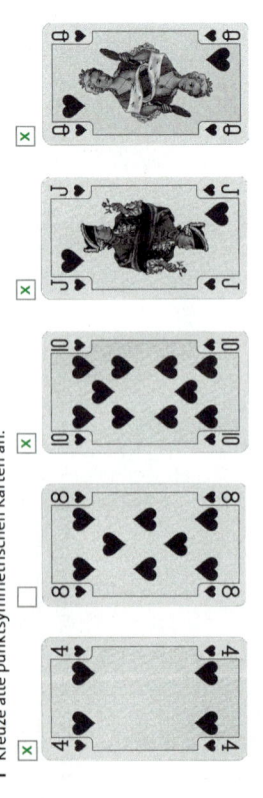

3 Das Viereck ABCD und das Fünfeck EFGHI sollen am Punkt Z gespiegelt werden. Zeichne beide Spiegelpunkte Z ein und vervollständige die Punktspiegelungen.

a)

b)

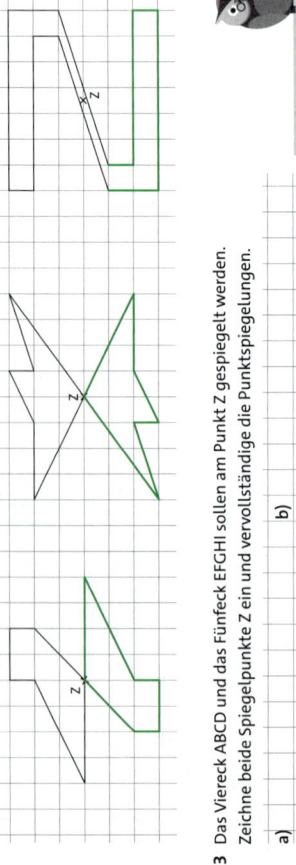

4 Spiegle das Dreieck am Punkt Z.

a)

b)

c)

Weiterführende Aufgaben

5 Flächen

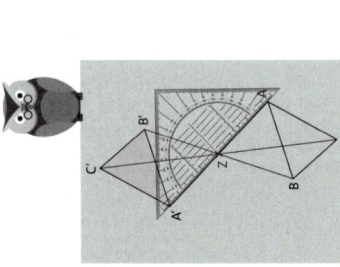

a) Kreuze die zutreffenden Eigenschaften in der Tabelle an.
   Hinweis: Zeichne die Symmetriezentren und die Spiegelachsen ein.

	punktsymmetrische Figur	achsensymmetrische Figur
Quadrat	×	×
Raute	×	×
Rechteck	×	×
Parallelogramm	×	
Drachenviereck		×
Trapez		
gleichseitiges Dreieck		×
gleichseitiges Sechseck	×	×

b) Nenne die abgebildeten Figuren, die mehr als zwei Symmetrieachsen haben.

Quadrat, gleichseitiges Dreieck, gleichseitiges Sechseck

Zusatzaufgabe: Begründe, warum es keine Fläche mit mehreren Symmetriezentren gibt. Originalpunkt und Bildpunkt können nicht auf mehreren unterschiedlichen

Körpernetze

Die meisten Körper kann man an den Kanten so aufschneiden und aufklappen, dass eine ebene Figur entsteht.
Diese Figur nennt man das Netz des Körpers.

Beispiele:

Netze eines **Quaders**

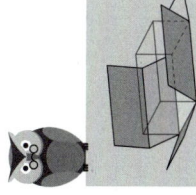

Netze eines **Würfels**

Auftrag: Ergänze zwei unterschiedliche Bezeichnungen von Grundkörpern.

Basisaufgaben

1 Färbe in den Körpernetzen die Seitenflächen gleichfarbig ein, die am Körper einander gegenüberliegen.
Zusatzaufgabe: Zeichne die Körpernetze mit 4-facher Länge auf kariertes Papier.
Bastle daraus Körper.

a)

b)

c)

d)

individuelle Lösung

e)

f)

g)

h)

2 Zeichne die fehlenden Linien ein. Gib die Kantenlängen (Länge, Breite und Höhe) des zugehörigen Quaders an.

a)

b)

c)

d)

10 mm   20 mm   15 mm   10 mm   10 mm   15 mm   5 mm   10 mm
20 mm   15 mm   20 mm   20 mm

---

3 In der Abbildung sind Quadernetze versteckt.
Färbe mindestens drei ein.
Zusatzaufgabe: Finde alle Körpernetze.

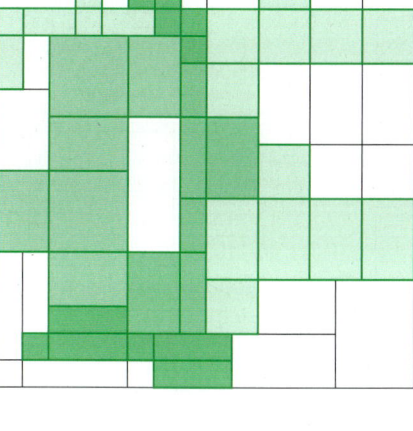

Weiterführende Aufgaben

4 Bei Spielwürfeln ist die Summe von zwei gegenüberliegenden Zahlen stets 7.
a) Gib die gegenüberliegende Zahl an.

Gegenüber der 6 liegt die **1.**　　Gegenüber der 5 liegt die **2.**

Gegenüber der 4 liegt die **3.**　　Gegenüber der 3 liegt die **4.**

Gegenüber der 2 liegt die **5.**　　Gegenüber der 1 liegt die **6.**

b) Begründe, warum nur vier der abgebildeten Würfelnetze zu Spielwürfeln gehören.
Zeichne bei den Spielwürfeln die fehlenden Augenzahlen ein.

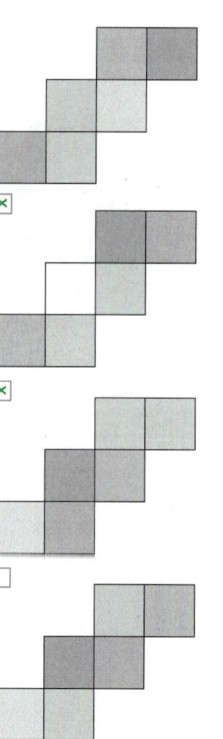

kein Spielwürfel

Im Würfel zum vierten Netz liegen 2 und 5 nicht gegenüber, somit gehört es zu keinem Spielwürfel.

c) Kreuze die Netze an, die zum abgebildeten Würfel gehören können.

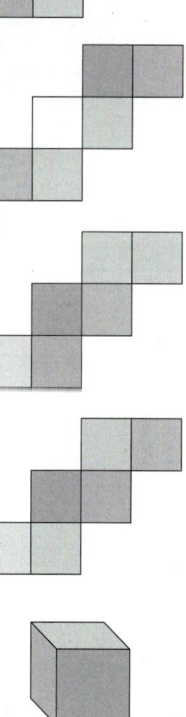

Schrägbild eines Quaders

1. Beim Schrägbild werden Breite und Höhe der Vorderfläche wirklichkeitsgetreu gezeichnet.

2. Linien in die Tiefe werden diagonal verkürzt gezeichnet. 1 cm entspricht einer Kästchendiagonalen.

3. Verbinde die übrigen Eckpunkte. Strichle verdeckte Kanten.

Beispiel: Stadien vom Schrägbild eines Quaders mit 15 mm langer, quadratischer Vorderseite und 10 mm Tiefe

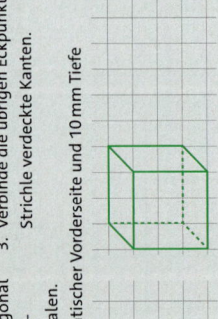

Auftrag: Zeichne das zugehörige Stadium vom Schrägbild des Quaders.

Basisaufgaben

1 Die Schrägbilder gehören zu Quadern.

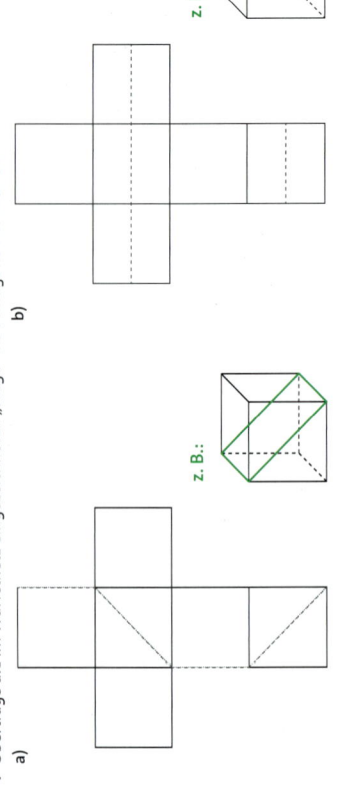
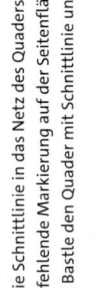

a) Gib in der Zeichnung die Länge, die Breite und die Höhe der Quader in Wirklichkeit an.

b) Beschrifte die Schrägbilder des gleichen Quaders mit der gleichen Nummer.

2 Vervollständige die angefangenen Schrägbilder von Quadern.

---

3 Ronja hat aus zehn Würfelzuckerstückchen einen Körper gebaut. Jeder Würfelzucker hat eine Kantenlänge von 1 cm. Zeichne ein Schrägbild des gesamten Körpers.

Hinweis: Zeichne den Körper direkt von vorne.

Weiterführende Aufgaben

4 Übertrage die im Würfelnetz eingezeichneten „Wege" ins Schrägbild des Würfels.

a)   z. B.:

b)   z. B.:

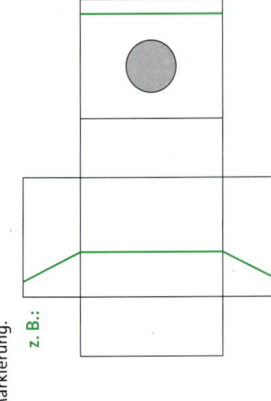

5 Ein Quader wurde zerschnitten.

a) Übertrage die Schnittlinie in das Netz des Quaders.

b) Ergänze e fehlende Markierung auf der Seitenfläche.

Zusatzaufgabe: Bastle den Quader mit Schnittlinie und Markierung.

z. B.:

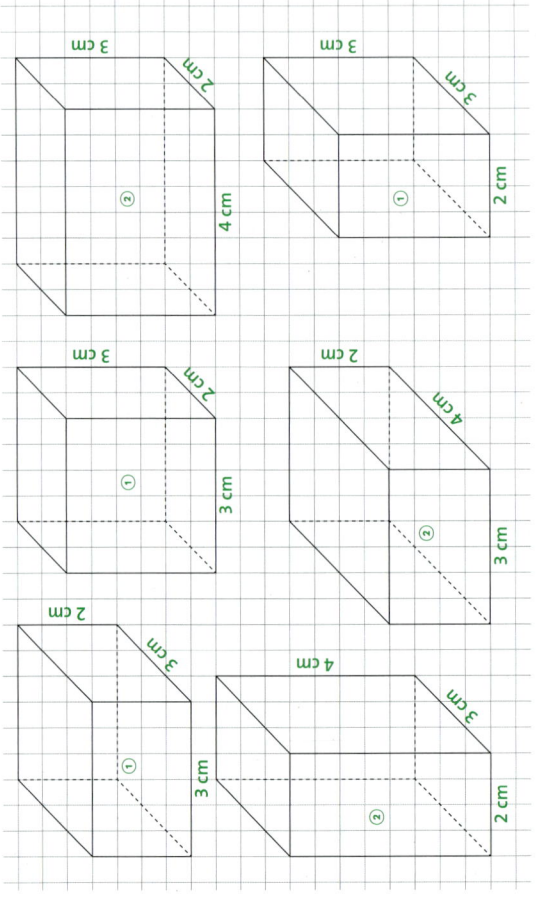

Teste dich

1 Rechteck und Quader

a) Zeichne ein Rechteck mit 2 cm und 3 cm Seitenlänge.
Ergänze das Rechteck zum Schrägbild eines Quaders mit 3 cm Tiefe.

z. B.:

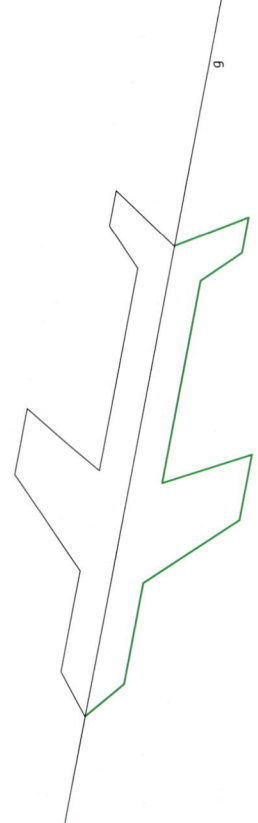

b) Gib die Anzahl beim Quader an.

Kanten: __12__

Flächen: __6__

Ecken: __8__

c) Zeichne zwei Paare zueinander parallel verlaufender Strecken rot und zwei Paare zueinander senkrecht verlaufender Strecken blau nach.

individuelle Lösung

2 Kreuze die Würfelnetze an.

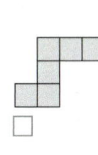
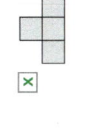

3 Zeichne die Punkte im Koordinatensystem ein und gib die fehlenden Koordinaten der Vierecke an.

a) Rechteck ABCD:

A(1|1) B(4|1) C(4 |3) D(1 | 3)

b) Drachenviereck EFGH:

E(6|1) F(7|4) G(6 |5) H(5 | 4)

c) Raute IJKL:

I(3|4) J(5|5) K(3 |6) L(1 | 5)

d) Gib, wenn möglich, die Koordinaten vom Symmetriezentrum Z an.

Rechteck ABCD: __Z (2,5|2)__

Drachenviereck EFGH: __—__

Raute IJKL: __Z (3|5)__

4 Spiegele die Figur an der Geraden g.

Wo stehe ich?

Ich kann …	😊	😐	☹	Hier kannst du üben.
• senkrechte und parallele Geraden erkennen und zeichnen. (Aufgabe 1 c)				S. 32, 33, 35
• Koordinaten eines Punktes aus einem Koordinatensystem ablesen und Punkte mit gegebenen Koordinaten eintragen. (Aufgabe 3)				S. 34, 35
• Symmetrieachsen erkennen, einzeichnen und Achsenspiegelungen durchführen. (Aufgabe 4)				S. 36, 37
• Punktsymmetrie erkennen und Symmetriezentren angeben. (Aufgabe 3 d)				S. 38, 39
• die Eigenschaften besonderer Vierecke erkennen und Vierecke zeichnen. (Aufgabe 1 a)				S. 39
• Netze eines Körpers erkennen und zeichnen. (Aufgabe 2)				S. 40, 41
• Schrägbilder eines Quaders zeichnen. (Aufgabe 1 a)				S. 42, 43

Flächen vergleichen

- Der Flächeninhalt A gibt an, wie groß die Fläche einer Figur ist oder welche Ausdehnung ein Gebiet in der Ebene hat.
- Die Gesamtlänge des Randes einer Figur bezeichnet man als Umfang u. Bei Figuren, die durch gerade Linien begrenzt sind, ist der Umfang gleich der Summe aller Seitenlängen der Figur.

Beispiele:

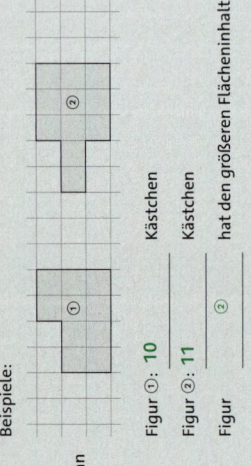

Figur ①: **10** Kästchen
Figur ②: **11** Kästchen
Figur **②** hat den größeren Flächeninhalt.

Auftrag: Vergleiche die Flächeninhalte der Figuren.

Basisaufgaben

1 Ordne die Figuren nach der Größe ihres Flächeninhalts. Beginne mit der kleinsten Figur.

Figur C < Figur A = Figur D < Figur E < Figur B

2 Gegeben sind drei vollständige und drei unvollständige Figuren.
a) Gib den Flächeninhalt der drei vollständigen Figuren in cm² an.
b) Vervollständige die begonnenen Figuren jeweils so, dass sie den gleichen Flächeninhalt wie die darüber liegende Figur haben.

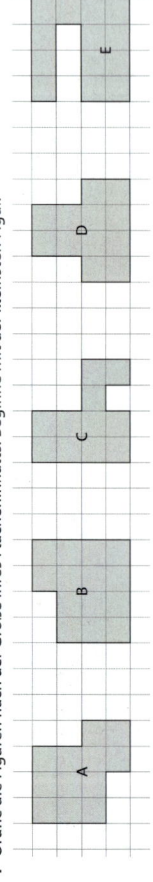

Flächeninhalt: **8** cm² Flächeninhalt: **10** cm² Flächeninhalt: **7** cm²

z. B

Zusatzaufgabe: Zeichne weitere Buchstaben in dein Heft. Gib den Flächeninhalt in cm² an. individuelle Lösung

---

3 Zeichne zwei Rechtecke, deren Flächen genauso groß sind wie die Fläche links.

z. B.:

4 Nummeriere der Größe nach. Beginne bei der kleinsten Fläche mit 1.
a) Flächen im Alltag

Schulhof **5.**   Tür **3.**   Fußboden der Turnhalle **4.**   ein kleines Fenster **1.**   Lehrertisch **2.**

b) Geometrische Figuren
Hinweis: Zeichne als Hilfslinien Quadrate mit 1 cm Breite und 1 cm Länge ein.

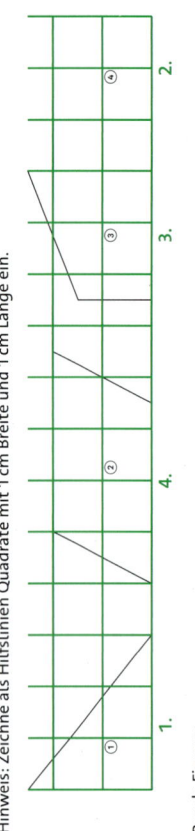

① 1. ② 4. ③ 3. ④ 2.

c) Runde Figuren

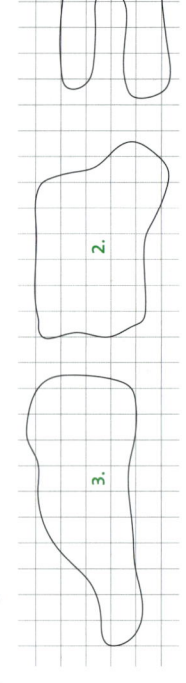

1. 2. 3.

5 Ein Rechteck wird durch die Diagonalen in vier Dreiecke unterteilt.

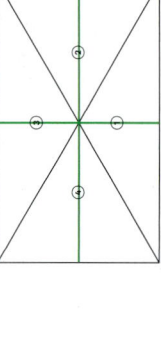

a) Kreuze die Anzahl der davon gleich großen Dreiecke an.
[X] 4   □ 3   □ 2   □ 0
b) Begründe deine Entscheidung mithilfe weiterer Unterteilungen.
Hinweis: Zerlege das Rechteck in gleich große Dreiecke.

Weiterführende Aufgaben

6 Svenja und Leo haben neue Bodenbeläge in ihren Zimmern bekommen. Der Boden besteht jetzt aus einzelnen gleich-großen Korkplatten. An den Rändern wurden die Platten halbiert.
Gib an, wer das größere Zimmer hat. Begründe.

Svenjas Zimmer: **64 Korkplatten;**
Leos Zimmer: **72 Korkplatten**
Leos Zimmer ist größer.

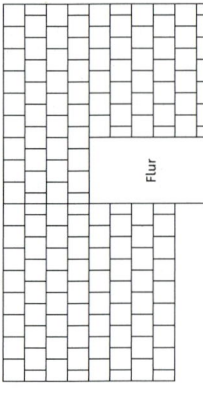

Leo
Svenja
Flur

austlegen vergleichen

Flächeninhalt eines Rechtecks

- Der Flächeninhalt A eines Rechtecks ist das Produkt aus Länge und Breite des Rechtecks. $A = a \cdot b$

Beispiele:

$A = \underline{2\,cm} \cdot \underline{1\,cm} = \underline{2\,cm^2}$

- Der Flächeninhalt eines Quadrats wird berechnet, indem man die Seitenlänge des Quadrats mit sich selbst multipliziert. $A = a \cdot a = a^2$

$A = \underline{2\,cm} \cdot \underline{2\,cm} = \underline{4\,cm^2}$

Auftrag: Ermittle die Flächeninhalte.

Basisaufgaben

1 Ermittle die Flächeninhalte.

a)

$A = \underline{5\,cm} \cdot \underline{3\,cm} = \underline{15\,cm^2}$

b)

$A = \underline{3\,cm} \cdot \underline{3\,cm} = \underline{9\,cm^2}$

c)

$A = \underline{50\,mm} \cdot \underline{21\,mm} = \underline{1050\,mm^2}$

2 Berechne.

a) Flächeninhalte von Rechtecken

	Rechteck ①	Rechteck ②	Rechteck ③	Rechteck ④	Rechteck ⑤	Rechteck ⑥
Länge	10 mm	4 cm	8 dm	7 m	2 km	15 cm
Breite	8 mm	6 cm	5 dm	3 m	9 km	11 cm
Flächeninhalt	80 mm²	24 cm²	40 dm²	21 m²	18 km²	165 cm²

b) Flächeninhalte von Quadraten

	Quadrat ①	Quadrat ②	Quadrat ③	Quadrat ④	Quadrat ⑤	Quadrat ⑥
Länge	10 mm	4 cm	8 dm	7 m	50 km	11 cm
Flächeninhalt	100 mm²	16 cm²	64 dm²	49 m²	2500 km²	121 cm²

c) Flächeninhalte und Seitenlängen von Rechtecken und Quadraten
Zusatzaufgabe: Unterstreiche die Flächen im Tabellenkopf, die keine Quadrate sind.

	Fläche ①	Fläche ②	Fläche ③	Fläche ④	Fläche ⑤	Fläche ⑥
Länge	70 mm	8 cm	9 dm	30 m	20 km	12 cm
Breite	11 mm	7 cm	9 dm	30 m	20 km	5 cm
Flächeninhalt	770 mm²	56 cm²	81 dm²	900 m²	400 km²	60 cm²

---

3 Reihe die Dominosteine passend aneinander. Berechne den Flächeninhalt eines Rechtecks mit den Seitenlängen a und b und finde den passenden Stein. Am Schluss ergibt sich ein Lösungswort.
Hinweis: Beachte die Einheiten.

Start	V	a = 5 cm\nb = 4 cm	L	a = 9 dm\nb = 4 dm	E	a = 8 m\nb = 1 m
A = 20 m²	Z	a = b = 3 m	U	a = 7 m\nb = 10 m	E	a = 3 cm\nb = 6 cm
A = 36 dm²	A	Ziel	N	a = b = 8 cm	E	a = 4 m\nb = 5 m

A = 70 m²
A = 8 m²
A = 20 cm²
A = 9 m²
A = 64 cm²
A = 18 cm²

Lösungswort: VENEZUELA

4 Kasha hat Leinwände in verschiedenen Größen bemalt.

a) Vervollständige die Tabelle mit den Werten zu allen Leinwänden.

Länge	Breite	Flächeninhalt
25 cm	18 cm	450 cm²
20 cm	20 cm	400 cm²
40 cm	25 cm	1000 cm²
50 cm	30 cm	1500 cm²

b) Der Wandbereich an der die Leinwände aufgehängt werden sollen, ist 15 dm breit und 4 dm hoch. Berechne den Flächeninhalt des Wandbereichs. Gib den Flächeninhalt in cm² an.

15 dm = 150 cm; 4 dm = 40 cm; A = 150 cm · 40 cm = 6000 cm²

Der Wandbereich hat eine Fläche von 6000 cm².

c) Kasha hat 3 Leinwände von jeder Größe. Berechne den gesamten Flächeninhalt aller Leinwände.

3 · (450 cm² + 400 cm² + 1000 cm² + 1500 cm²) = 10 050 cm²

Der gesamte Flächeninhalt aller Leinwände beträgt 10 050 cm².

Weiterführende Aufgaben

5 Die Autobahn A5 hat eine Gesamtlänge von 440 km und ist durchschnittlich rund 36 m breit. Berechne den gesamten Flächenverbrauch der A5.

440 km = 440 000 m
A = 440 000 m · 36 m = 15 840 000 m²

Die A5 hat einen Flächenverbrauch von 15 840 000 m².

Zusatzaufgabe. Gib durch Ausprobieren die Seitenlänge eines Quadrats an, das ungefähr den gleichen Flächeninhalt hat.

a ≈ 3980 m

Flächeneinheiten

Einheiten — **Umrechnung**

Einheit	Umrechnung
Quadratkilometer (km²)	1 km² = **100** ha = **10000** a = **1000000** m²
Hektar (ha)	1 ha = **100** a = **10000** m² = **1000000** dm²
Ar (a)	1 a = **100** m² = **10000** dm² = **1000000** cm²
Quadratmeter (m²)	1 m² = **100** dm² = **10000** cm² = **1000000** mm²
Quadratdezimeter (dm²)	1 dm² = **100** cm² = **10000** mm²
Quadratzentimeter (cm²)	1 cm² = **100** mm²
Quadratmillimeter (mm²)	

Auftrag: Ergänze die Umrechnungen.

Basisaufgaben

1 Gib die Flächeninhalte der Figuren in Quadratmillimetern und in Quadratzentimetern an.
Hinweis: Jedes kleine Quadrat ist 1 mm² groß.

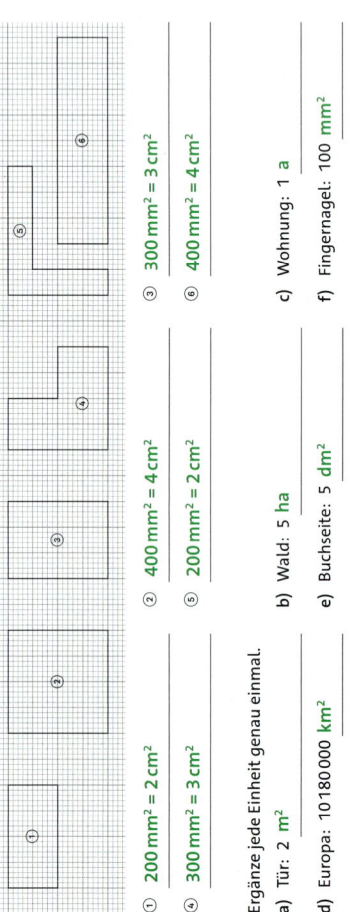

① **200 mm² = 2 cm²** ② **400 mm² = 4 cm²** ③ **300 mm² = 3 cm²**
④ **300 mm² = 3 cm²** ⑤ **200 mm² = 2 cm²** ⑥ **400 mm² = 4 cm²**

2 Ergänze jede Einheit genau einmal.
a) Tür: 2 **m²**
b) Wald: 5 **ha**
c) Wohnung: 1 **a**
d) Europa: 10180000 **km²**
e) Buchseite: 5 **dm²**
f) Fingernagel: 100 **mm²**

3 Ergänze, wenn möglich, die passenden Größenangaben.
Zusatzaufgabe: Nummeriere die vorgegebenen Angaben der Größe nach. Beginne bei der kleinsten Fläche.

a)

nächstkleinere Einheit	Ausgangswert	nächstgrößere Einheit
70000 dm²	700 m² 2.	**7 a**
800000 a	8000 ha 4.	**80 km²**
70000 m²	700 a 3.	**7 ha**
4000000 ha	40000 km² 5.	—
2300000 cm² 1.	**230 m²**	

b)

nächstkleinere Einheit	Ausgangswert	nächstgrößere Einheit
9000000 cm²	90000 dm²	900 m² 3.
—	80000 mm²	800 cm² 1.
3000000 mm²	30000 cm² 2.	**300 dm²**
2000000 a 5.	20000 ha	**200 km²**
5000000 m² 4.	50000 a	**500 ha**

---

4 Ordne jeder Fläche eine Größenangabe zu. Verbinde mit einem Lineal.
Gib die Größenangabe in der angegebenen Einheit an.

Fläche eines Tisches
Fläche des Bodensees
Fläche eine Parkplatzes
Fläche eines Fußabdrucks
Fußballfeld

- 2 a = **200** ___ m²
- 2 m² = **200** ___ dm²
- 500 km² = **50000** ___ ha
- 1 ha = **100** ___ a
- 3 dm² = **300** ___ cm²

5 Wandle in die vorgegebene Einheit um.
a) 2400000 mm² = **24000 cm² = 240** ___ dm²
b) 78 dm² = **7800 cm² = 780000** ___ mm²
c) 50000 cm² = **500 dm² = 5** ___ m²
d) 7900 m² = **790000 dm² = 79000000** ___ cm²
e) 700000 dm² = **7000 m² = 70** ___ a
f) 270 a = **27000 m² = 2700000** ___ dm²
g) 1408000000 m² = **14080000 a = 140800** ___ ha
h) 60 km² = **6000 ha = 600000** ___ a

Weiterführende Aufgaben

6 Markiere zuerst alle Fehler. Ignoriere dabei alle Folgefehler. Berechne danach, wenn möglich, die Ergebnisse.
Zusatzaufgabe: Benenne die Fehler.

a) 17 dm² + 303 cm² + 500 mm² + 1700 mm² + 30300 mm² + 500 mm² = 32500 mm² = 325 cm²   **2008 cm²**
Umrechnungsfehler: 17 dm² = 1700 cm² = 170000 mm²

b) 20 m² + 33 m² + 500000 cm² + 20 m² + 33 m² + 5000 m² = 5053 m²
Umrechnungsfehler: 500000 cm² = 5000 dm² = 50 m²   **103 m²**

c) 5 km² – 500 m² – 500 a = 5000000 m² – 500 m² – 50000 m² = 5050500 m²   **4949500 m²**
Es wurde addiert statt subtrahiert.

d) 5 m² – 33 dm² – 700 cm² = 50000 cm² – 3300 cm² – 700 cm² = 46000 cm²   **—**
Umrechnungsfehler: Flächen und Längen lassen sich nicht zusammenfassen.

7 Ein Puzzle setzt sich aus vielen Puzzleteilen zusammen. Puzzle und Puzzleteile gibt es in verschiedenen Größen.
a) Vervollständige die Tabelle. Gib den Flächeninhalt eines Puzzles mit 1000 Teilen in einer sinnvollen Einheit an.

Länge eines Teils	Breite eines Teils	Flächeninhalt eines Teils	Flächeninhalt eines Puzzles mit 1000 Teilen
2 cm	3 cm	**6 cm²**	6 cm² · 1000 = 6000 cm² = **60 dm²**
3 cm	4 cm	**12 cm²**	12 cm² · 1000 = 12000 cm² = **120 dm²**
5 mm	5 mm	25 mm²	25 mm² · 1000 = 25000 mm² = **250 cm²**
20 cm	**15 cm**	300 cm²	300 cm² · 1000 = 300000 cm² = 3000 dm² = **30 m²**

b) Ein Puzzle mit Teilen der Größe 4 cm² hat eine Größe von 14 dm². Berechne, aus wie viele Teilen das Puzzle besteht.
14 dm² = 1400 cm²   1400 cm² : 4 cm² = 350
Das Puzzle besteht aus 350 Teilen.

Umfang

Für den Umfang u eines Rechtecks gilt:
Umfang = 2-mal Länge + 2-mal Breite
u = 2 · a + 2 · b oder u = (a + b) · 2

Beispiele:

Rechteck
u = a + b + a + b
u = 2 · a + 2 · b

Quadrat
u = a + a + a + a
u = 4 · a

u = 2 · 3 cm + 2 · 1 cm = 8 cm
u = 4 · 1 cm = 4 cm

Auftrag: Ermittle die Umfänge.

Basisaufgaben

1 Ermittle die Umfänge. Miss dafür die benötigten Seitenlängen.

a) 10 cm b) 9 cm c) 8 cm

2 Ordne jeder Figur einen der folgenden gerundeten Umfänge zu.

a) b) 8 cm c) 12 cm d) 12 cm

8 cm 10 cm 12 cm 18 cm 20 cm

3 Berechne.

a) Umfänge von Quadraten

	Quadrat ①	Quadrat ②	Quadrat ③	Quadrat ④	Quadrat ⑤	Quadrat ⑥
Länge	10 mm	4 cm	8 dm	7 m	40 km 500 m	1 dm 1 cm
Umfang	40 mm	16 cm	32 dm	28 m	162 km	44 cm

b) Umfänge von Rechtecken

	Rechteck ①	Rechteck ②	Rechteck ③	Rechteck ④	Rechteck ⑤	Rechteck ⑥
Länge	12 mm	4 cm	8 dm	7 m	200 m	15 cm
Breite	8 mm	16 cm	5 dm	8 m	9 km	11 dm
Umfang	40 mm	40 cm	26 dm	30 m	18 400 m	25 dm

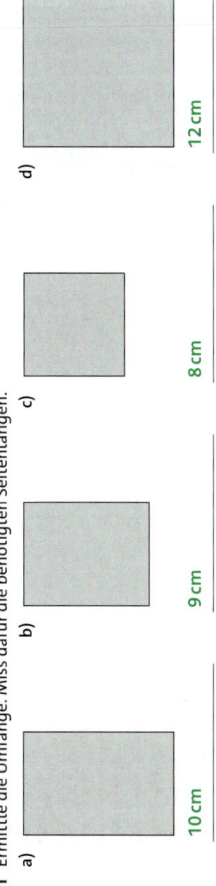

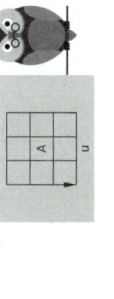

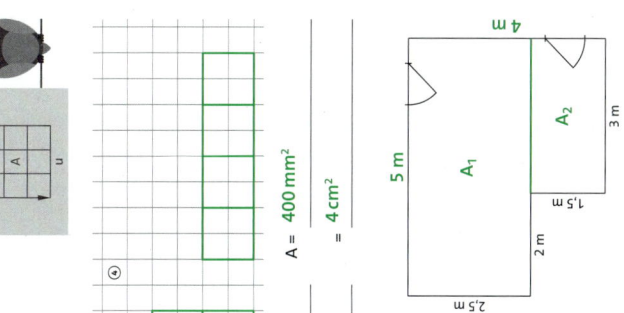

4 Jan und Kasha sollen ein Kantenmodell eines Würfels mit Kantenlänge 10 cm basteln. Dazu bekommen sie einen langen Holzstab und Knete. Kasha fragt sich, wie viel sie von dem Holzstab brauchen werden. Jan sagt: „Wir bestimmen einfach den Umfang eines Quadrats einer Seite und nehmen das Ergebnis mal 6. Also 4 · 10 cm = 40 cm; 40 cm · 6 = 240 cm." Was meinst du? Begründe.

Jan hat nicht recht. Durch seine Methode wird jede Kante doppelt gezählt.
Ein Würfel hat genau 12 Kanten. 12 · 10 cm = 120 cm.

5 Ergänze die Tabelle.

	Fläche ①	Fläche ②	Fläche ③	Fläche ④	Fläche ⑤	Fläche ⑥
Länge	20000 m	12 cm	300 dm	90 mm / 9 cm	70 mm / 7 cm	18 cm
Breite	20 km	5 cm	30 m	9 cm	30 mm / 3 cm	7 cm
Umfang	80 km	34 cm	120 m	36 cm	20 cm / 200 mm	5 dm / 50 cm

Weiterführende Aufgaben

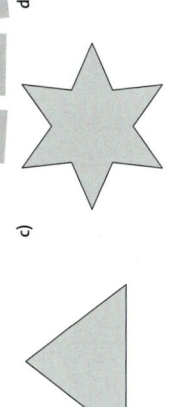

6 Flächen mit … cm Umfang
a) Ermittle den Umfang der Fläche ①.
b) Zeichne ein Quadrat (②) und zwei Rechtecke (③ und ④) mit 10 cm Umfang.
c) Gib die Größen der vier Flächeninhalte an.

① u = 10 cm
②
③
④

A = 425 mm²
= 4 cm² 25 mm²

A = 625 mm²
= 6 cm² 25 mm²

A = 600 mm²
= 6 cm²

A = 400 mm²
= 4 cm²

7 Gegeben ist der Grundriss des Wohnzimmers von Familie Braun. Sie hat den Fußboden erneuert und möchte nun auch eine neue Fußleiste anbringen.
Berechne, wie viel Meter Fußleiste benötigt werden. Beachte, dass bei den 1 m breiten Türen keine Fußleiste benötigt wird.

2 · 5 m + 2 · 4 m − 2 · 1 m = 16 m

Es werden 16 m Fußleiste benötigt.

Zusatzaufgabe: Berechne den Flächeninhalt des Fußbodens.

17 m²

5 m · 4 m · 2 m · 1,5 m · 2,5 m · 3 m — A₁, A₂

Teste dich

1 Gib die Flächeninhalte in Quadratzentimetern und Quadratmillimetern an sowie die Umfänge in Zentimetern.

① $A = 9\,cm^2 = 900\,mm^2$ $u = 12\,cm$

② $A = 4\,cm^2 = 400\,mm^2$ $u = 9\,cm$

③ $A = 6\,cm^2 = 600\,mm^2$ $u = 14\,cm$

④ $A = 6,25\,cm^2 = 625\,mm^2$ $u = 18\,cm$

2 Rechne in die geforderte Einheit um.

a) $50700\,m^2 = \underline{5070000}$ dm^2

b) $970000\,dm^2 = \underline{9700}$ m^2

c) $802000000\,m^2 = \underline{802}$ km^2

d) $8500\,mm^2 = \underline{85}$ cm^2

e) $20\,cm^2 = \underline{2000}$ mm^2

f) $2,5\,ha = \underline{250}$ a

3 Verschiedene Sportarten benötigen verschiedene Größen an Spielfeldern.

a) Vervollständige die Tabelle.

Sportart	Länge	Breite	Flächeninhalt in m²
Basketball	13 m	24 m	312 m²
Volleyball	9 m	18 m	162 m²
Kleinfeld-Fußball	15 m	30 m	450 m²
Korbball	25 m	60 m	1500 m²
Stockschießen	3 m	33 m	99 m²

b) Beim Kleinfeld-Fußball ist die Größe des Spielfelds variabel. Der Flächeninhalt reicht von 450 m² bis zu 1800 m². Berechne die Breite eines maximal großen Spielfeldes, wenn die Länge 30 m beträgt.

$1800\,m^2 : 30\,m = 60\,m$

Das Spielfeld hat eine maximale Länge von 60 m.

4 Zeichne zwei Rechtecke, die keine Quadrate sind, und ein Quadrat mit einem Flächeninhalt von 4 cm².

4 cm — 1 cm

8 cm — 5 mm

2 cm — 2 cm

Wo stehe ich?

☺ Die Aufgabe kann ich sicher lösen.

☺ Die Aufgabe kann ich mit Nachschauen lösen.

☹ Ich kann die Aufgabe nicht lösen. Hier brauche ich Hilfe.

Ich kann …	☺	☺	☹	Hier kannst du üben.
• den Flächeninhalt angeben und vergleichen. (Aufgaben 1 und 3)				S. 46, 47, 50
• den Flächeninhalt eines Rechtecks berechnen. • die Seitenlänge eines Rechtecks bei gegebenem Flächeninhalt berechnen. (Aufgaben 3 und 4)				S. 48, 49, 50, 51, 53
• den Flächeninhalt mit unterschiedlichen Längeneinheiten berechnen. • Flächeneinheiten umrechnen. (Aufgaben 2 und 3)				S. 50, 51
• den Umfang eines Rechtecks berechnen. (Aufgabe 1)				S. 52, 53
• durch das Zerlegen und Ergänzen eines Rechtecks den Flächeninhalt zusammengesetzter Figuren bestimmen. (Aufgabe 1)				S. 50, 53
• Informationen in Texten erkennen und Sachaufgaben lösen. (Aufgabe 3)				S. 47, 49, 51, 53

Volumen eines Quaders

Das Volumen V eines Quaders ist das Produkt aus Länge, Breite und Höhe.

Volumen = Länge mal Breite mal Höhe = a · b · c

Beispiele: Quader

$V = a \cdot b \cdot c$
$V = 2\,cm \cdot 3\,cm \cdot 1\,cm = 6\,cm^3$

Würfel
$V = a \cdot a \cdot a = a^3$
$V = 2\,cm \cdot 2\,cm \cdot 2\,cm = 8\,cm^3$

Auftrag: Ergänze die Formeln.

Basisaufgaben

1 Berechne das Volumen. Prüfe mit einer Unterteilung in 1cm³ große Würfel, ob das Ergebnis stimmen kann.

a)

$V = 6\,cm \cdot 3\,cm \cdot 2\,cm = 36\,cm^3$

b)

$V = 3\,cm \cdot 3\,cm \cdot 3\,cm = 27\,cm^3$

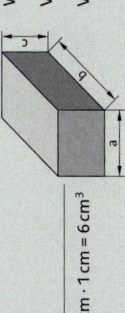

2 lang
3 breit
3 hoch
$(2 \cdot 3) \cdot 3 = 18$

2 Ergänze die Tabellen für Quader.

a)

Länge	Breite	Höhe	Volumen
10cm	30cm	6cm	1800cm³
8dm	3dm	5dm	120dm³
4m	5m	3m	60m³
1cm	8mm	70mm	5600mm³

b)

Länge	Breite	Höhe	Volumen
20m	6m	4m	480m³
90mm	8cm	2cm	144cm³
4cm	7cm	1dm	280cm³
100cm	2cm	6cm	1,2dm³

3 Gib das Volumen der Körper an. Rechne, wenn nötig, auf einem zusätzlichen Blatt.
Hinweis: Zerlege in Quader und addiere oder ergänze zu einem Quader und subtrahiere.

a)

$12\,cm \cdot 7\,cm \cdot 5\,cm + 8\,cm \cdot 13\,cm \cdot 7\,cm = 1148\,cm^3$

b)

$6\,cm \cdot 6\,cm \cdot 6\,cm - 3\,cm \cdot 3\,cm \cdot 6\,cm = 162\,cm^3$

4 Ermittle, wie viele Würfel mit 1 cm, 2 cm bzw. 2 mm langen Kanten benötigt werden, um den Körper zu füllen.

a)

64 Würfel mit 1 cm langen Kanten
8 Würfel mit 2 cm langen Kanten
8000 Würfel mit 2 mm langen Kanten

b)

48 Würfel mit 1 cm langen Kanten
6 Würfel mit 2 cm langen Kanten
6000 Würfel mit 2 mm langen Kanten

5 Ein quaderförmiger Behälter ist 30 cm tief, 40 cm breit und 50 cm lang. Berechne sein Volumen in Kubikzentimetern.
Zusatzaufgabe: Gib an, wie viele Liter Wasser der Behälter fassen kann.

$30\,cm \cdot 40\,cm \cdot 50\,cm = 60\,000\,cm^3 = 60\,\ell$ Das Volumen beträgt 60 000 cm³. Der Behälter fasst 60 ℓ Wasser.

Weiterführende Aufgaben

6 Eric kauft mit seiner Familie ein Hochbeet für den Garten. Sie sehen sich verschiedene Modelle in Form von Quadern an.

	Hochbeet Alu	Hochbeet aus Holz mit Stahlrahmen	Hochbeet Stahl	Hochbeet Holz
Länge	20 dm	23 dm	20 dm	15 dm
Breite	7 dm	3 dm	6 dm	5 dm
Höhe	4 dm	10 dm	5 dm	5 dm
Volumen	560 dm³	690 dm³	600 dm³	375 dm³

Erics Familie möchte das Hochbeet mit dem größten Volumen kaufen, damit möglichst viele Pflanzen hineinpassen. Vervollständige die Tabelle und gib das passende Hochbeet an. Beurteile das Ergebnis.

Das Hochbeet aus Holz mit Stahlrahmen hat das größte Volumen. Jedoch hat das Hochbeet Alu eine größere Fläche oben und kann ebenfalls viele Pflanzen fassen.

7 Die Körper wurden aus gleich großen Holzwürfeln mit 1 cm langen Kanten gelegt. Berechne das Volumen des größtmöglichen Würfels, der aus allen kleinen Würfeln der fünf Körper gebaut werden kann.

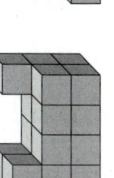
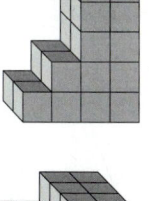
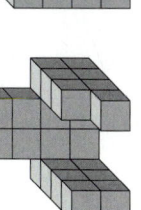
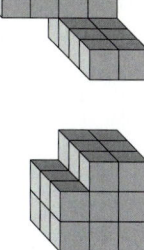

$24\,cm^3 + 23\,cm^3 + 27\,cm^3 + 27\,cm^3 + 27\,cm^3 = 128\,cm^3$

Der größtmögliche Würfel ist 125 cm³ groß. Seine Kanten sind 5 cm lang.

Volumeneinheiten

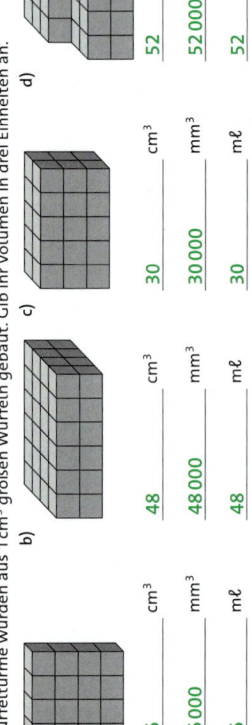

Einheiten	Umrechnung
Kubikmeter (m³)	1 m³ = __1000__ dm³ = __1000000__ cm³ = __1000000000__ mm³
Kubikdezimeter (dm³)	1 dm³ = __1000__ cm³ = __1000000__ mm³
Kubikzentimeter (cm³)	1 cm³ = __1000__ mm³
Kubikmillimeter (mm³)	
Liter (ℓ)	1 ℓ = __1000__ mℓ 1 ℓ = 1 dm³
Milliliter (mℓ)	1 mℓ = 1 cm³

Auftrag: Ergänze die Umrechnungen.

Basisaufgaben

1 Die Würfeltürme wurden aus 1 cm³ großen Würfeln gebaut. Gib ihr Volumen in drei Einheiten an.

a) __16__ cm³ / __16000__ mm³ / __16__ mℓ
b) __48__ cm³ / __48000__ mm³ / __48__ mℓ
c) __30__ cm³ / __30000__ mm³ / __30__ mℓ
d) __52__ cm³ / __52000__ mm³ / __52__ mℓ

2 Gib in zwei Schreibweisen an, wie viel Saft die Gefäße enthalten.

a) __150__ mℓ / __150__ cm³
b) __150__ mℓ / __150000__ mm³
c) 1,5 ℓ: __1__ ℓ __500__ mℓ / __1500__ mℓ
d) 0,75 ℓ: __750__ mℓ / __—__ dm³ __750__ cm³

3 Ergänze, wenn möglich, die passenden Größenangaben.

a)

in der nächstkleineren Einheit	Ausgangswert	in der nächstgrößeren Einheit
5000000 cm³	5000 dm³	5 m³
6000000 mm³	6000 cm³	6 dm³
800000000 dm³	800000 m³	—
—	40000 mm³	40 cm³

b)

in der nächstkleineren Einheit	Ausgangswert	in der nächstgrößeren Einheit
360000000 mm³	360000 cm³	360 dm³
20000000 cm³	20000 dm³	20 m³
9000000 mℓ	9000 ℓ	(9 m³)
(35000000 mm³)	35000 mℓ	35 ℓ

4 Ordne jedem Gegenstand eine Größenangabe zu. Verbinde mit einem Lineal. Gib die Größenangabe in einer weiteren Schreibweise an.
Zusatzaufgabe: Nummeriere die Größenangaben der Größe nach.

z.B.:

Gegenstand	Größenangabe	Nr.
Flasche Limonade	75 mℓ = __75000__ mm³	1.
Dose Suppe	500 mℓ = __500__ cm³	4.
Tube Zahnpasta	20000 mm³ = __20__ m³	7.
Tanklaster	100 cm³ = __100__ mℓ	2.
Mülltonne beim Einfamilienhaus	400 mℓ = __400000__ mm³	3.
Müllcontainer beim Mehrfamilienhaus	120 ℓ = __120__ dm³	5.
Flasche mit Hustentropfen	1100 ℓ = 1 __m³__ 100 __dm³__	6.

Owl-Umrechnung:
m³ ⟶·1000⟶ dm³ (ℓ) ⟶·1000⟶ cm³ (mℓ) ⟶·1000⟶ mm³   (jeweils :1000 zurück)

5 Gedankenspiel: Stell dir vor, du hast Würfel mit 1 dm, 1 cm und 1 mm langen Kanten.

a) Ein Würfel mit 1 cm langen Kanten wird in 1 mm³ große Würfel zerlegt. Gib an, wie viele 1 mm³ große Würfel entstehen.
1 cm³ = 1000 mm³   Es entstehen 1000 Würfel der Größe 1 mm³.

b) Gib an, wie viele Würfel mit 1 mm langen Kanten zum Bauen eines 1 dm³ großen Würfels benötigt werden.
1 dm³ = 1000000 mm³   1000000 Würfel werden für den 1 dm³ großen Würfel benötigt.

Weiterführende Aufgaben

6 Ordne, soweit möglich, der Größe nach. Beginne mit dem kleinsten Volumen.
7 mℓ; 7 m³; 7 m²; 70 dm³; 70 cm³; 70 km; 700 ℓ; 700 mm³; 700 h

700 mm³ < 7 mℓ < 70 cm³ < 70 dm³ < 700 ℓ < 7 m³

7 Ein Glas Wasser enthält 200 ml Flüssigkeit. Der Mensch hat einen Flüssigkeitsbedarf von 2,5 l pro Tag.
Berechne, wie viele Gläser Wasser ein Mensch trinken muss, um seinen täglichen Flüssigkeitsbedarf zu decken.

2,5 l = 2500 ml;   2500 ml : 200 ml = 12,5
Ein Mensch muss täglich 12,5 Gläser Wasser trinken.

8 Ergänze passende Volumeneinheiten.
a) 35 ℓ (dm³) + 59000 mℓ (cm³) = 94 ℓ (dm³)
b) 7 m³ − 900 mm³ = 6 m³ 999 dm³ (ℓ) 999 cm³ (mℓ) 100 mm³
c) 45000 cm³ (mℓ) + 45000 m³ = 45000045 dm³ (ℓ)

Oberflächeninhalt eines Quaders

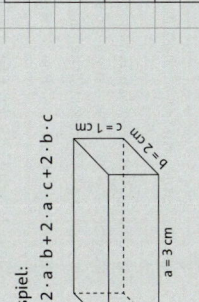

Der Oberflächeninhalt O eines Quaders ist die Summe der Flächeninhalte aller sechs Begrenzungsflächen des Quaders.

Beispiel:

$O = 2 \cdot a \cdot b + 2 \cdot a \cdot c + 2 \cdot b \cdot c$

a = 3 cm
b = 2 cm
c = 1 cm

6 cm²		
6 cm²	3 cm²	6 cm²
	2 cm²	
	3 cm²	
	2 cm²	
	2 cm²	

$O = 2 \cdot 2\,cm \cdot 3\,cm + 2 \cdot a \cdot c + 2 \cdot 1\,cm \cdot 3\,cm + 2 \cdot 2\,cm \cdot 1\,cm = 2 \cdot 6\,cm² + 2 \cdot 3\,cm² + 2 \cdot 2\,cm² = 22\,cm²$

Auftrag: Ermittle mithilfe des Körpernetzes den Oberflächeninhalt des Quaders.

Basisaufgaben

1 Ermittle den Oberflächeninhalt.

a) Würfel mit 3 cm langen Kanten

$6 \cdot 3\,cm \cdot 3\,cm = 54\,cm²$

b) Quader mit 2 cm, 4 cm und 6 cm langen Kanten

$2 \cdot 2\,cm \cdot 4\,cm + 2 \cdot 4\,cm \cdot 6\,cm + 2 \cdot 2\,cm \cdot 6\,cm$
$= 16\,cm² + 48\,cm² + 24\,cm² = 88\,cm²$

2 Gib die Oberflächeninhalte der Quader und Würfel an.

a)

$6 \cdot 1\,cm²$
$= 6\,cm²$

b)

$6 \cdot 4\,cm²$
$= 24\,cm²$

c)

$2 \cdot 1\,cm² + 4 \cdot 2\,cm²$
$= 10\,cm²$

d)

$4 \cdot 2\,cm² + 2 \cdot 4\,cm²$
$= 16\,cm²$

3 Ergänze die Tabelle für Quader.

Länge	3 cm	5 m	10 dm	7 cm	1 cm		20 dm	1 m
Breite	1 cm	2 m	2 dm	1 cm	1 cm			
Höhe	1 cm	1 m	5 dm	2 cm	2 cm		500 mm	
Oberflächeninhalt	14 cm²	34 m²	160 dm²	46 cm²			700 dm²	
		1,6 m²						7 m²

4 Eine Tüte mit 1 kg Mehl ist etwa 10 cm breit, 7 cm tief und 15 cm hoch. Kreuze an, aus wie viel Papier die Tüte etwa besteht.

☐ 7 mm² ☐ 7 cm² ☒ 7 dm² ☐ 7 m² ☐ 700 mm²

5 Die abgebildeten Körper wurden aus Würfeln mit 1 cm Kantenlänge gelegt. Ermittle die Oberflächeninhalte der Körper.

Zusatzaufgabe: Gib die Volumina der Körper an

a)

$O = 54\,cm²$ $(V = 16\,cm²)$

b)

$O = 54\,cm²$ $(V = 22\,cm²)$

c)

$O = 114\,cm²$ $(V = 63\,cm²)$

☒ 700 cm² ☐ 700 m²

Weiterführende Aufgaben

6 Für ein Geschenk bastelt Naia drei oben offene Pappschachteln, die ineinander gestellt werden sollen. Sie haben je die Form eines Würfels. Die kleinste innerste Schachtel hat eine Kantenlänge von 10 cm. Die nächstgrößere Schachtel hat eine Kantenlänge von 14 cm und die größte Schachtel eine Kantenlänge von 18 cm.

a) Berechne, wie viel Pappe für alle drei Schachteln benötigt wird.

$5 \cdot 18\,cm \cdot 18\,cm + 5 \cdot 14\,cm \cdot 14\,cm + 5 \cdot 10\,cm \cdot 10\,cm$
$= 5 \cdot 324\,cm² + 5 \cdot 196\,cm² + 5 \cdot 100\,cm²$
$= 5 \cdot 620\,cm²$
$= 3100\,cm²$

b) Für den Deckel wird ein unten offener Pappquader benötigt. Er ist 1 cm länger und breiter als die größte Pappschachtel und 2 cm hoch. Naia hat noch 500 cm² Pappe übrig. Berechne, ob sie genug für den Deckel hat. Hinweis: Fertige zunächst eine Skizze an.

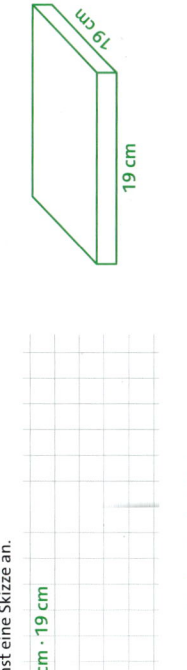

18 cm

19 cm
19 cm
2 cm

$4 \cdot 2\,cm \cdot 19\,cm + 19\,cm \cdot 19\,cm$
$= 152\,cm² + 361\,cm²$
$= 513\,cm²$

Naia hat nicht genug Pappe für den Deckel übrig.

c) Kreuze zutreffende Aussagen an.

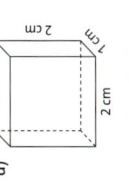

	wahr	falsch
40 dm² Pappe sind genug für alle Schachteln und den Deckel.	☒	
5 dm² Pappe sind genug für den Deckel.		☒
3 000 000 mm² sind genug für alle Schachten.	☒	

Teste dich

1 Berechne das Volumen und den Oberflächeninhalt des Quaders, dessen Körpernetz abgebildet ist.

$V = 10\,mm \cdot 8\,mm \cdot 20\,mm = 1600\,mm^3$

$O = 2 \cdot (10\,mm \cdot 8\,mm + 8\,mm \cdot 20\,mm + 20\,mm \cdot 10\,mm) = 880\,mm^2$

Das Volumen beträgt 1600 mm³.

Der Oberflächeninhalt beträgt 880 mm².

10 mm   8 mm   20 mm

2 Wandle in die geforderte Einheit um.

a) $6500\,cm^3 =$ **6,5** dm^3 b) $0,3\,m^3 =$ **300** dm^3

c) $3,8\,dm^3 =$ **3800** mm^3 d) $0,0008\,m^3 =$ **800** cm^3

e) $14\,\ell =$ **14** dm^3 f) $2750\,m\ell =$ **2,75** ℓ

3 Kann das wahr sein? Kreuze an und begründe deine Meinung.

a) Fabian sagt: „Ein Würfel mit 2 dm Kantenlänge hat ein Volumen von 8 ℓ."   [x] ja   [ ] nein

   2 dm · 2 dm · 2 dm = 8 dm³ = 8 ℓ

b) Tim sagt: „36 Würfel mit 1 cm langen Kanten passen in einen 30 mm breiten Würfel."   [ ] ja   [x] nein

   1 cm · 1 cm · 1 cm = 1 cm³; 30 mm · 30 mm · 30 mm = 27 000 mm³ = 27 cm³   **27 cm³ : 1 cm³ = 27 < 36**

c) Lili sagt: „In fünf Würfel mit 5 cm langen Kanten passt mehr als ein halber Liter."   [x] ja   [ ] nein

   5 cm · 5 cm · 5 cm = 125 cm³; 125 cm³ · 5 = 625 cm³; 0,625 ℓ > 0,5 ℓ

4 Um Tiere in Terrarien zu halten, müssen diese je nach Tierart eine bestimmte Mindestgröße haben.

a) Vervollständige die Tabelle. Nutze, wenn nötig, zum Rechnen ein zusätzliches Blatt.

Tierart	Länge	Breite	Höhe	Volumen
Schlangen	10 dm	5 dm	5 dm	**250 dm³**
Spinnen	2 dm	2 dm	2 dm	**8 dm³**
Molche	6 dm	3 dm	3 dm	**54 dm³**

b) Das Terrarium für ein Chamäleon hat ein Volumen von 432 dm³. Es ist 6 dm lang und 6 dm breit. Berechne die Höhe des Terrariums.

432 dm³ : (6 dm · 6 dm) = 12 dm

Das Terrarium für ein Chamäleon ist 12 dm hoch.

c) Fey hat ein Chamäleon. Das Terrarium hat eine Bodenplatte und eine Rückwand aus Holz. Die restlichen Seiten sind aus Glas. Berechne die Größen der Flächen aus Glas und Holz.

Holz: 6 dm · 6 dm + 6 dm · 12 dm = 108 dm²

Glas: 3 · 6 dm · 12 dm + 6 dm · 6 dm = 252 dm²

Die Oberfläche des Terrariums besteht zu 108 dm² aus Holz und

zu 252 dm² aus Glas.

Wo stehe ich?

🙂 Die Aufgabe kann ich sicher lösen.

😐 Die Aufgabe kann ich mit Nachschauen lösen.

🙁 Ich kann die Aufgabe nicht lösen. Hier brauche ich Hilfe.

Ich kann ...	🙂	😐	🙁	Hier kannst du üben.
• das Volumen verschiedener Körper vergleichen und in cm³ angeben. (Aufgabe 3)				S. 56, 57
• das Volumen und die Kantenlängen von Quadern mit der Volumenformel berechnen. (Aufgaben 1 und 4)				S. 56, 57
• Volumeneinheiten umrechnen. (Aufgaben 2 und 3)				S. 58, 59
• den Oberflächeninhalt von Quadern und zusammengesetzten Körpern mit der Oberflächeninhaltsformel berechnen. (Aufgaben 1 und 4)				S. 60, 61
• Informationen in Texten erkennen und Sachaufgaben lösen. (Aufgabe 4)				S. 57, 59, 61

Ganze Zahlen und Zahlengerade

- Die Zahlen −1, −2, −3,... heißen negative ganze Zahlen.
- Die negativen ganzen Zahlen und die natürlichen Zahlen (0, 1, 2, 3,...) bilden zusammen die ganzen Zahlen ..., −3, −2, −1, 0, 1, 2, 3, ... (kurz ℤ).
- Auf der Zahlengeraden liegen die negativen ganzen Zahlen links von der Null und die positiven ganzen Zahlen rechts von der Null.
- Der Abstand zwischen zwei benachbarten Zahlen ist immer gleich groß.

Nach links werden die Zahlen kleiner.

Nach rechts werden die Zahlen größer.

−5   −4   −3   −2   −1   0   +1   +2   +3   +4   +5

Auftrag: Vervollständige die Zahlen an der Zahlengerade.

Basisaufgaben

1 Lies zuerst alle Temperaturen ab. Ordne sie danach nach der Größe.

1 °C   5 °C   3 °C   −5 °C   −3 °C   −3 °C   −1 °C   −4 °C   0 °C

−5 < −4 < −3 < −1 < 0 < 1 < 3 < 5

2 Ergänze „<" oder „>".
Hinweis: Markiere dir die Temperaturen, wenn nötig, auf der Zahlengerade.

−32°C [<] −23°C   +30°C [>] +23°C   +23°C [>] −32°C   +32°C [>] −23°C

−23°C [>] −32°C   +20°C [>] +18°C   −16°C [<] −15°C   +2°C [>] −1°C

3 Veranschauliche die Zahlen an der Zahlengeraden.

a) 0; 100; −100; 50; −50; 25; −75; 80; −80

−100   −80 −75   −50   −25   0   25   50   75 80   100

b) 0; 16; −16; 8; −12; 14; −10; −7; −3; 4; −9

−16   −12 −10 −9 −7   −3   0   4   8   14 16

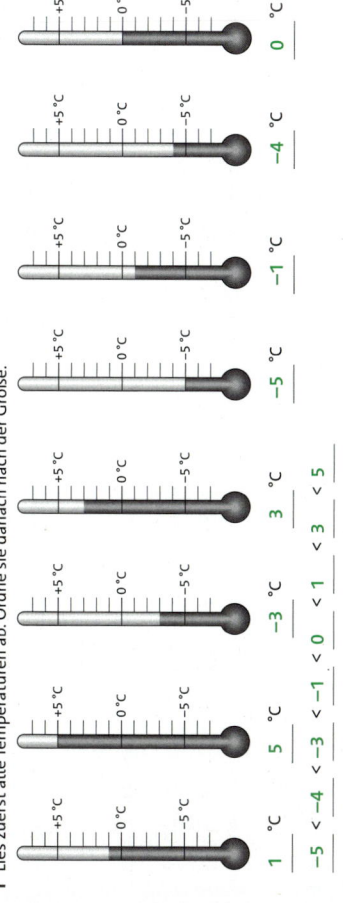

---

4 Gegeben sind die Durchschnittstemperaturen pro Monat eines Jahres von Ottawa, Kanada.

Monat	Jan	Feb	März	April	Mai	Juni	Juli	Aug	Sep	Okt	Nov	Dez
Temperatur in °C	−11	−10	−3	6	12	18	21	19	15	9	2	−8

a) Zeichne die Temperaturen in das Diagramm ein. Verbinde die gezeichneten Punkte zu einer Temperaturkurve.

b) Nenne die Monate mit negativen Durchschnittstemperaturen.

Januar, Februar, März, Dezember

c) Ordne die Durchschnittstemperaturen der Größe nach.

−11 < −10 < −8 < −3 < 2 < 6 < 9 < 12 < 15 < 18 < 19 < 21

Weiterführende Aufgaben

5 Bilde Zahlen mit positiven oder negativen Vorzeichen und den drei Ziffern.

a) Schreibe die kleinstmögliche dreistellige ganze Zahl auf. Alle der Ziffern dürfen darin mehrmals vorkommen.   −222

b) Schreibe die größtmögliche dreistellige ganze Zahl auf. Alle der Ziffern dürfen darin mehrmals vorkommen.   +222

c) Schreibe die kleinstmögliche dreistellige ganze Zahl auf. Keine der Ziffern darf darin mehrmals vorkommen.   −210

d) Gib an, wie man aus drei beliebigen, verschiedenen Ziffern eine möglichst kleine dreistellige Zahl bildet.

z. B.   Das Vorzeichen ist „−". Die Ziffern (Zahlen) werden von links nach rechts kleiner.

6 Bei Programmen, die Videos abspielen, sind neben dem farbigen Fortschrittsbalken und Buttons zur Bedienung häufig negative Angaben zu sehen.

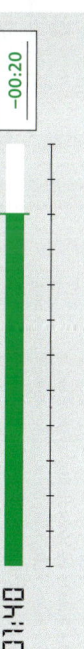

00:36   −01:03

a) Erkläre die Bedeutung der positiven Angabe links und der negativen Angabe rechts neben dem Fortschrittsbalken.

Die positive Angabe zeigt die vergangene Zeit des Videos, hier 36 Sekunden. Die negative Angabe zeigt, wie viel Zeit des Videos noch verbleibt, hier 1 Minute und 3 Sekunden.

b) Gib die Gesamtlänge des Videos an.

1 Minute und 39 Sekunden

c) Das Video ist 2 Minuten lang. Male den Fortschrittsbalken mithilfe der Skalierung so weit an, dass er zur Angabe des Videos passt. Ergänze die fehlende Angabe.

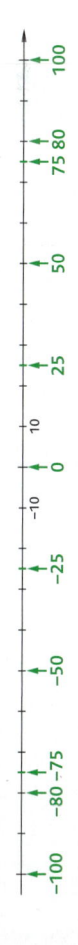

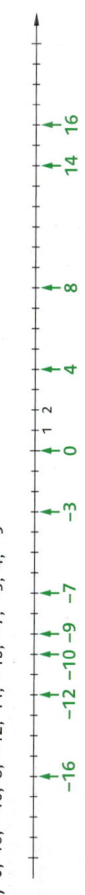

01:40   −00:20

Teile die Lauflänge des Videos mithilfe der Skala ein.

Erweiterung des Koordinatensystems

- Die x-Achse und die y-Achse eines Koordinatensystems teilen die Ebene in vier Quadranten.
- Die Achsen schneiden einander im Koordinatenursprung (Nullpunkt).
- Jede Achse ist gleichmäßig unterteilt.
- Jeder Punkt P kann mit seinen Koordinaten $P(x|y)$ angegeben werden.

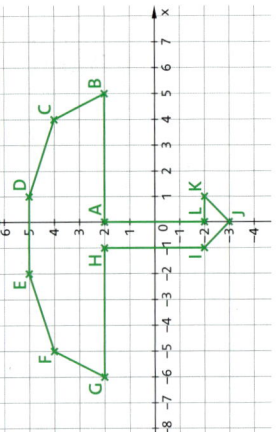

Beispiele: A (3|1)   B (−2|−1)

Auftrag: Gib die Koordinaten der Punkte A und B an.

Basisaufgaben

1 Vervollständige die Angaben zu den im Koordinatensystem eingezeichneten Punkten.

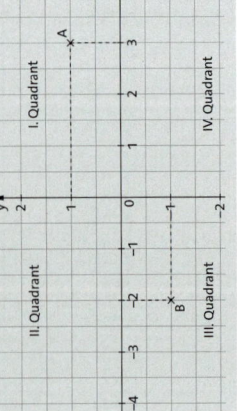

$A(1| \underline{1})$ $B(2| \underline{1})$
$C(3| \underline{1})$ $D(−2| \underline{1})$
$E(\underline{−2}| \underline{2})$ $F(\underline{−2} | \underline{3})$
$G(\underline{1} |−1)$ $H(\underline{2} |\underline{−2})$
$J(\underline{3} |\underline{−3})$ $S (−3|−1)$
$L(\underline{−2}|\underline{−3})$ $K (−1|−2)$
$N(\underline{0} |\underline{−1})$ $O (0|3)$
$P(\underline{2} | \underline{3})$ $M (2|0)$

2 Zeichne die Punkte in das Koordinatensystem ein.

$A(0|7)$ $B(−5|4)$
$C(5|4)$ $D(−2|3)$
$E(2|3)$ $F(−6|1)$
$G(0|1)$ $H(6|1)$
$J(0|−1)$ $L(2|−2)$
$N(5|−4)$ $O(0|−5)$

Zusatzaufgabe: Das Muster soll symmetrisch sein. Gib die passenden Koordinaten für K und M an.
$K(−2|−2)$ $M(−5|−4)$

3 Trage die Punkte ins Koordinatensystem ein. Verbinde die Punkte in alphabetischer Reihenfolge und den Punkt L mit dem Punkt A.
Hinweis: Am Schluss ergibt sich ein Bild.

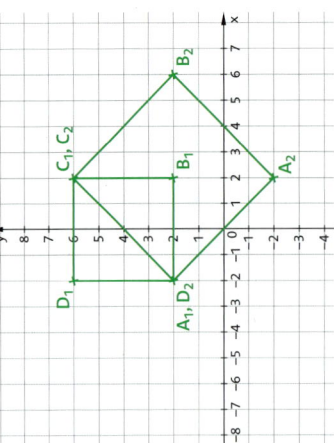

$A(0|2)$ $F(−5|4)$ $C(4|4)$
$J(0|−3)$ $E(−2|5)$ $G(−6|2)$
$H(−1|2)$ $K(1|−2)$ $B(5|2)$
$L(0|−2)$ $D(1|5)$ $I(−1|−2)$

4 Die Punkte $(2|6)$ und $(−2|2)$ gehören zu einem Quadrat. Zeichne zwei dazu passende Quadrate in das Koordinatensystem ein und gib die Koordinaten der Eckpunkte an.

Quadrat ①: $A_1(\underline{−2}|2)$; $B_1(\underline{2} |2)$;
$C_1(\underline{2} | 6)$; $D_1(\underline{−2}| 6)$

Quadrat ②: $A_2(2 |\underline{−2})$; $B_2(\underline{6} |2)$;
$C_2(\underline{2} | 6)$; $D_2(\underline{−2}|2)$

Zusatzaufgabe: Es existiert eine dritte mögliche Lösung. Gib auch dazu die Koordinaten der Eckpunkte an.
$A_3(\underline{−2}|2)$; $B_3(\underline{2} |6)$; $C_3(\underline{−2}|10)$; $D_3(\underline{−6}|6)$

Weiterführende Aufgaben

5 Die Hütte eines Försters befindet sich im Koordinatenursprung südlich eines Schutzgebietes, welches nicht betreten werden darf. Im Koordinatensystem hat er sich markante Plätze eingezeichnet.

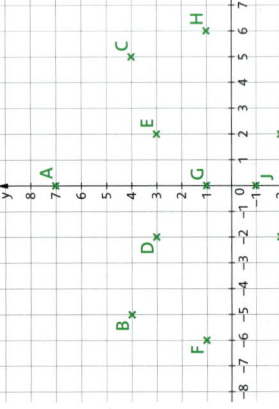

Sammelplätze für Pilze: $P_1(4|7)$; $P_2(−7|1)$; $P_3(6|−2)$
Hochsitz: $H(−5|−3)$
Zaun des Schutzgebiets: Gerade durch $(−8|6)$ und $(7|6)$
Spitze des Fuchsberges: $F(5|4)$
Teich: $T(−3|3)$

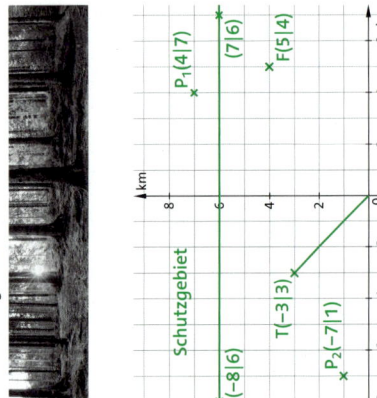

a) Zeichne alle markanten Plätze in das Koordinatensystem ein.

b) Begründe, warum der Förster nur zwei der Pilzsammelplätze aufsuchen kann.
$P_1(4|7)$ liegt innerhalb des Schutzgebietes, welches nicht betreten werden darf.

c) Die Achsen des Koordinatensystems sind in km skaliert. Miss die Entfernung von der Hütte bis zum Teich und gib die Entfernung an, wenn der Förster auf direktem Weg hinläuft.
Teich: ca. 4,2 km

Zustandsänderungen

- Das Minuszeichen (–) vor einer Zahl kann einen Zustand oder eine Zustandsänderung anzeigen.
- Durch Markierungen auf der Zahlengerade kann man Zustände darstellen.
- Zustandsänderungen werden durch Pfeile angezeigt.

Beispiele:
Anna steht bei –5 und geht von dort 6 Schritte nach rechts. Danach steht sie bei **1.**

Vadim steht bei +4 und geht von dort 7 Schritte nach links. Danach steht er bei **–3.**

Auftrag: Vervollständige die Sätze und zeichne die Zustandsänderungen auf der Zahlengerade ein.

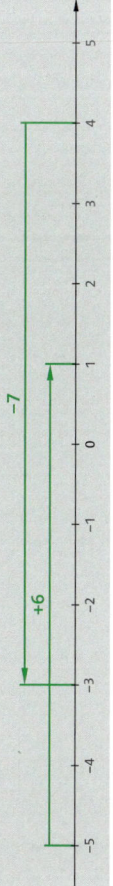

Basisaufgaben

1 Ergänze so, dass der Satz, die Darstellung und die Rechnung zusammenpassen.

a) Gehe von 1 aus 5 Schritte nach rechts.

$1 + 5 = +6$

b) Gehe von 1 aus 5 Schritte nach links.

$1 – 5 = –4$

c) Gehe von –2 aus 5 Schritte nach rechts.

$–2 + 5 = +3$

d) Gehe von –2 aus 5 Schritte nach links.

$–2 – 5 = –7$

2 Verbinde jede Aussage mit dem dazu passenden Ausdruck. Nutze ein Lineal.
Hinweis: Jeder Ausdruck kommt gleich häufig vor.

| Die Temperatur sinkt um 12 °C. |
| Das Guthaben beträgt 165,45 €. |
| Der Fahrstuhl fährt 5 Etagen höher. |
| Der Verein hat 200 Mitglieder. |
| Die Schuldenhöhe beträgt 250 €. |
| Der Wasserspiegel steigt um 3 cm. |

Zustand

Zustandsänderung

3 Durch Einnahmen und Ausgaben verändert sich der Kontostand.

a) Vervollständige die Tabelle.

Kontostand vorher	230€	1250€	320€	–56€	–45€	–3500€
Einnahmen/Ausgaben	–60€	+630€	–500€	+166€	–135€	+2300€
Kontostand nachher	170€	1880€	–180€	110€	–180€	–1200€

b) Anka hat 36 €. Sie hat diesen Monat verschiedenen Einnahmen und Ausgaben. Berechne, wie viel Geld sie am Ende des Monats noch übrig hat. Rechne geschickt.

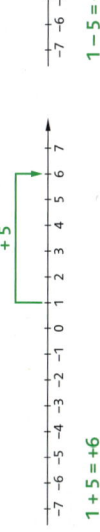

– Rasen mähen + 10 €
– Bücher – 22 €
– Kino – 12 €
– Babysitten + 18 €
– Bäcker – 3 €

Einnahmen: 10 € + 18 € = 28 €

Ausgaben: 22 € + 12 € + 3 € = 37 €

Gesamt: 36 € + 28 € – 37 € = 27 €

Anka hat am Ende des Monats noch 27 €.

4 Setze Rechenzeichen so ein, dass wahre Aussagen entstehen.
Zusatzaufgabe: Beschreibe, wie du vorgehst.

a) $+2 \boxed{+} 7 = +9$

b) $+5 \boxed{–} 8 = –3$

c) $–3 \boxed{+} 5 = +2$

d) $–5 \boxed{+} 7 = +2$

e) $–5 \boxed{–} 16 = –21$

f) $–20 \boxed{+} 6 = –14$

g) $+2 \boxed{+} 7 \boxed{–} 4 = +5$

h) $–3 \boxed{+} 5 \boxed{–} 8 = –6$

z.B. Ich suche den „Startpunkt" auf der Zahlengeraden und den „Endpunkt".

Die Richtung gibt das Rechenzeichen an.

Weiterführende Aufgaben

5 Die höchste in Deutschland jemals gemessene Temperatur beträgt 42 °C (Tönisvorst, NRW).
Die kälteste jemals gemessene Temperatur beträgt –38 °C (Wolnzach, Bayern).

a) Berechne den Temperaturunterschied zwischen Tönisvorst und Wolnzach.

$42 °C + 38 °C = 80 °C$

Der Temperaturunterschied beträgt 80 °C.

b) Die höchste jemals gemessene Temperatur auf der Erde beträgt rund 57 °C (Death Valley, USA, 1913). Der Temperaturunterschied zum kältesten Ort der Erde (Antarktis) beträgt 149 °C. Berechne die niedrigste jemals gemessene Temperatur.

$57 °C – 149 °C = –92 °C$

Die niedrigste jemals gemessene Temperatur beträgt –92 °C.

c) Für weitere Planeten unseres Sonnensystems können ebenfalls maximale und minimale Temperaturen geschätzt werden. Vervollständige die Tabelle.

Planet	maximale Temperatur	minimale Temperatur	Temperaturunterschied
Merkur	427°C	–173°C	600°C
Venus	493°C	440°C	53°C
Mars	20°C	–85°C	105°C

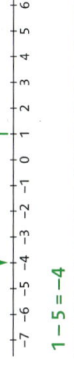
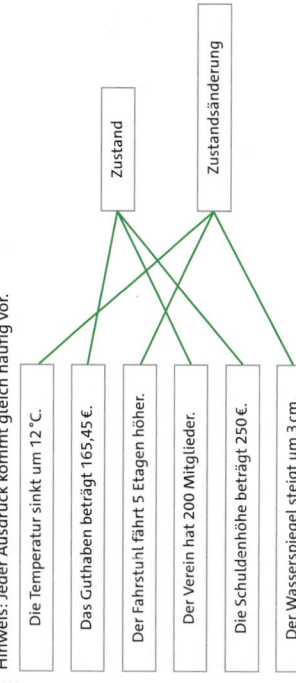

Ganze Zahlen addieren und subtrahieren

- Addiert man eine positive Zahl zu einer ganzen Zahl, geht man auf der Zahlengeraden nach rechts.
- Subtrahiert man eine positive Zahl von einer ganzen Zahl, geht man auf der Zahlengeraden nach links.
- Addiert man eine negative Zahl zu einer ganzen Zahl, geht man auf der Zahlengeraden nach links.
- Subtrahiert man eine negative Zahl von einer ganzen Zahl, geht man auf der Zahlengeraden nach rechts.

Beispiele:

$-5+6=1$

$1+(-6)=-5$

Auftrag: Ergänze in jedem Beispiel den zugehörigen Pfeil.

Basisaufgaben

1 Ergänze die Rechnungen.

a) $-4-2=-6$ $1-2=-1$

b) $-5+2=-3$ $-2+2=0$

c) $-2+4=2$ $3-4=-1$

2 Berechne.

a) $4-5=-1$

b) $-4-5=-9$

c) $-4+5=+1$

d) $-37+12=-25$

e) $-12-37=-49$

f) $12-37=-25$

g) $-37+16=-21$

h) $-50-7=-57$

i) $6-7=-1$

j) $-6-53=-59$

k) $-9-50=-59$

l) $-33+8=-25$

3 Ergänze die Rechnungen.

a) $3-3=0$ $-1-2=-3$

b) $1-(-2)=3$ $-2-(-1)=-1$

c) $-3-(-4)=1$ $4-5=-1$

4 Berechne.

a) $4-(-5)=9$

b) $-4-(-5)=1$

c) $-4+(-5)=-9$

d) $40+(-12)=28$

e) $40-(-12)=52$

f) $-40+(-12)=-52$

g) $4+(-40)=-36$

h) $20-(-8)=28$

i) $-7+(-1)=-8$

j) $10+(-5)=5$

k) $-61+(-8)=-69$

l) $-3+(-9)=-12$

5 Ergänze die Additionsmauer.

	89	-45	6	-20	
134	-51	26	-27	7	
185	-77	53			
262	-130				
392					

	10	14	12	7	
-4	2	5	6	1	
-6	-3	-1			
-3	-2				
-1					

6 Setze passende Rechenzeichen ein.

a) $27 \;-\; 38 = -11$

b) $-71 \;+\; (-28) = -99$

c) $40 \;+\; (-80) \;+\; (-20) = -60$

d) $-8 \;+\; 2 \;-\; (-3) = -3$

e) $-1 \;+\; (-1) \;+\; (-1) = -3$

f) $-5 \;-\; (-5) \;+\; (-3) = -3$

g) $2 \;-\; (-5) \;-\; +1 = 6$

h) $8 \;+\; (-9) \;+\; (-3) = -4$

Weiterführende Aufgaben

7 Kreuze Zutreffendes an.

a) Wenn die Temperatur von $-2\,°C$ auf $16\,°C$ steigt, dann ist die Temperaturdifferenz ...
☐ $-18\,°C$ ☐ $14\,°C$ ☒ $18\,°C$ ☐ $-14\,°C$

b) Wenn die Temperatur von $80\,°C$ auf $21\,°C$ sinkt, dann fällt sie um ...
☒ $59\,°C$ ☐ $101\,°C$ ☐ $61\,°C$ ☐ $99\,°C$

c) Die Temperatur steigt von $-12\,°C$ um $20\,°C$. Sie beträgt dann ...
☐ $-32\,°C$ ☐ $12\,°C$ ☐ $32\,°C$ ☒ $8\,°C$

d) Der Kontostand von $152\,€$ ändert sich um $27\,€$. Er beträgt jetzt ...
☐ $126\,€$ ☒ $179\,€$ ☒ $125\,€$ ☐ $178\,€$

8 Trage die Zahlen und die Ergebnisse in das Mengendiagramm ein.

-11 $-4+9=5$ 22 $-1+8=7$ 8 $3-12=-9$

$-2-4=-6$ 12 $-10+5=-5$ -37

Mengendiagramm:

N: 5, 22, 12, 7, 8
Z: -37, -5, -6, -9, -11

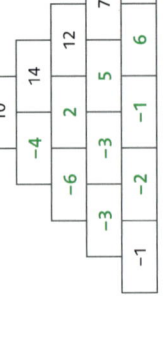

N natürliche Zahlen 0; 1; 2; 3; ...
Z ganze Zahlen ... -2; -1; 0; 1; 2; ...

9 Von zwei Tafeln wurden Zahlen weggewischt. Gib die fehlenden Zahlen an. Verwende zum Rechnen, wenn nötig, ein zusätzliches Blatt.

-2	+	(-1)	=	-3
+		+		+
1	+	2	=	3
=		=		=
-1	+	1	=	0

6	-	4	=	2
+		+		+
3	-	8	=	-5
=		=		=
9	-	12	=	-3

Rechenzeichen zum Abstreichen:

+	+	-	-
+	+	-	-
+	+	-	-
+	+	-	-

Ganze Zahlen multiplizieren und dividieren

1. Multipliziere bzw. dividiere die Beträge der Zahlen.
2. Bestimme das Vorzeichen des Ergebnisses.

Beispiele:

Es ist negativ (–), wenn beide Zahlen verschiedene Vorzeichen haben. $5 \cdot (-2) = -10$ $-24 : 6 = -4$

Es ist positiv (+), wenn beide Zahlen gleiche Vorzeichen haben. $-8 \cdot (-2) = 16$ $18 : 6 = 3$

Auftrag: Ergänze die Ergebnisse.

Basisaufgaben

1 Multipliziere.

a) $7 \cdot (-6) = -42$
b) $-8 \cdot (-8) = 64$
c) $-5 \cdot 3 = -15$
d) $13 \cdot (-4) = -52$
e) $-7 \cdot 11 = -77$
f) $12 \cdot (-4) = -48$
g) $-7 \cdot (-8) = 56$
h) $2 \cdot (-1) = -2$
i) $2 \cdot (-5) = -10$
j) $-9 \cdot (-3) = 27$
k) $-1 \cdot 60 = -60$
l) $4 \cdot (-10) = -40$

2 Dividiere.

a) $60 : (-10) = -6$
b) $-18 : (-3) = 6$
c) $-16 : (-4) = 4$
d) $55 : (-5) = -11$
e) $-27 : 3 = -9$
f) $-44 : 11 = -4$
g) $-54 : 9 = -6$
h) $-1490 : 149 = -10$
i) $-6 : 3 = -2$
j) $-65 : 5 = -13$
k) $-72 : 8 = -9$
l) $-146 : 2 = -73$

3 Ergänze die Multiplikationsmauer.

a)
–13 500			
–150	90		
–10	15	6	
–2	5	3	2

b)
–800			
–100	8		
50	–2	–4	
–25	–2	1	–4

c)
–32 000			
160	–200		
–16	–10	20	
8	–2	5	4

d)
12 000			
–60	–200		
–6	10	–20	
3	–2	–5	4

4 Entscheide, ob das Ergebnis kleiner, größer oder gleich 0 ist.
Zusatzaufgabe: Ermittle das Ergebnis auf einem zusätzlichen Blatt.

a) $-5 \cdot 1 \cdot 100 \cdot (-5) \cdot (-1) \cdot (-2) \cdot (-10) \cdot (-1) \cdot 2$ [>] 0   Ergebnis: 100000
b) $(3 \cdot (-4)) \cdot 10 \cdot (-3) \cdot (-2) \cdot (-1) \cdot (16 \cdot (-5))$ [<] 0   Ergebnis: –9
c) $2 \cdot (-4 : (-2)) \cdot 0 \cdot 6 : (-8 - (-2))$ [=] 0

"–" mal "+" = "–"
"+" mal "–" = "–"
"–" mal "–" = "+"
"+" mal "+" = "+"

---

5 Ergänze, wenn möglich, eine Zahl in jeder Zeile der Tabelle.
Zusatzaufgabe: Nenne Besonderheiten, die sich in den letzten beiden Zeilen ergeben.

x	y	z	x · y	x · z	y · z	x · y · z
–1	2	0	–2	0	0	0
30	1	1	30	30	1	30
–2	–5	–3	10	6	15	–30
2	–2	3	–4	6	–6	–12
–5	2	–10	–10	50	–20	100
$t;\ t \in R;\ t \neq 0$	$\frac{1}{t}$	0	1	0	0	0
1	1	keine Lösung	1	–1	1	keine Lösung

vorletzte Zeile: Es gibt unendlich viele Möglichkeiten für x und y.
letzte Zeile: Es gibt keine Lösung. Aus x = 1 und y = 1 folgt z = –1. Aus y = 1 und x · z = –1 folgt z = 1 (1 ≠ –1).

Weiterführende Aufgaben

6 Maya wandert auf die Fuchshöhe, die 612 m hoch ist. Der Wanderweg steigt gleichmäßig an. Pro Minute kann Maya 3 Höhenmeter überwinden.

a) Berechne, wie lange die gesamte Wanderung auf die Fuchshöhe dauert.
612 m : 3 m/min = 204 min = 3 Stunden 24 Minuten
Maya kann in 3 Stunden und 24 Minuten auf die Fuchshöhe wandern.

b) Maya befindet sich auf der Spitze der Fuchshöhe. Erkläre, welche Information mit der Rechnung 612 m – (60 min · 3 m/min) bestimmt werden kann.
Mit diesem Term kann man berechnen, auf welcher Höhe sich Maya beim Rückweg nach einer Stunde befindet.

c) Natalia schafft 4 Höhenmeter pro Minute. Kreuze die Rechnung an, mit der berechnet werden kann, ob Natalia in der Lage ist, in zweieinhalb Stunden auf die Fuchshöhe zu wandern.

☐ 150 min + (612 m : 4 m/min)
☒ 150 min – (612 m : 4 m/min)
☒ (612 m : 4 m/min) – 150 min
☐ 612 min + (150 min : 4 m/min)

7 Ordne den Rechnungen passende Texte zu.

Texte:
- Jan zahlt seine Schulden von 35 € in drei Raten ab.
- Fernandas Guthaben von 35 € wird verdreifacht.
- Gordons Schulden von 35 € verdreifachen sich.
- Elenas Guthaben von 35 € wird auf drei Personen verteilt.
- Iris zahlt ihre Schulden von 35 € vollständig zurück.

Rechnungen:
- 3 · 35 €
- 35 € : 3
- –35 € : 3
- –35 € · 3
- –35 € + 35 €

Rechnen mit allen Grundrechenarten

zuerst	nach rechts	Punktrechnung	Ausdrücke in Klammern	vor Strichrechnung	von links
a · b	a + (b + c)	a · (b · c)	a · (b – c)	b + a	
(a · b) · c	a · b – a · c	a + b	a · (b + c)	b · a	(a + b) + c

KLaPS-Regel
1. Klammern
2. Punktrechnung
3. Strichrechnung

- **Ausdrücke in Klammern werden zuerst berechnet.**
- **Punktrechnung geht vor Strichrechnung.**
- Es wird von links nach rechts gerechnet, wenn keine andere Regel zu beachten ist.
- Kommutativgesetze der Addition und Multiplikation: $a + b = b + a$ $a · b = b · a$
- Assoziativgesetze der Addition und Multiplikation: $(a + b) + c = a + (b + c)$ $(a · b) · c = a · (b · c)$
- Distributivgesetz: $a · (b + c) = a · b + a · c$ $a · (b – c) = a · b – a · c$

Auftrag: Formuliere mithilfe der Karten Regeln, die für alle ganzen Zahlen gelten.

Basisaufgaben

1 Unterstreiche zuerst wie bei a das Rechenzeichen, das du als Erstes berücksichtigst. Rechne danach im Kopf.

a) $-6 · (4 – 9) =$ __ 30
b) $6 + (-4) + 9 =$ __ 11
c) $-6 + 4 · (-9) =$ __ -42
d) $-23 – 87 : (-29) =$ __ -20
e) $23 + (87 – 29) =$ __ 81
f) $45 + 135 : (-3) =$ __ 0
g) $(-125 + 75) · (-2) =$ __ 100
h) $-5 + 3 · (-4 – 3) =$ __ -26
i) $(-8 + 5) · 3 – (4 – 7) =$ __ -6

2 Entscheide ohne alle Ergebnisse zu ermitteln, welche Aufgaben dieselben Ergebnisse haben.
Verbinde diese mit Linien.

7 + 48 + 2

2 · (-12 + 15 – 8)

2 : (-12 + 15 – 8)

(15 – 12 – 8) · 2

(40 + 5) : 2

48 – (-2) + 7

(48 + 5 – 8) : 2

48 + 2 + 7

3 Rechne vorteilhaft.

a) $4 · 12 + 4 · 13 = 4 · (12 + 13) = 100$
b) $7 · 3 + 13 · 3 = (7 + 13) · 3 = 60$
c) $34 · 7 – 28 · 7 = (34 – 28) · 7 = 42$
d) $-45 · 13 + 51 · 13 = (-45 + 51) · 13 = 78$
e) $-7 · 9 – 3 · 9 = (-7 – 3) · 9 = -90$
f) $-8 · (125 – 3) = -1000 + 24 = -976$
g) $117 – 84 + 13 = 117 + 13 – 84 = 46$
h) $-3 · 12 + 3 · 48 = 3 · (-12 + 48) = 108$
i) $(4 · (-5) + 40) : 5 = 20 : 5 = 4$
j) $10 – 3 · 3 + 6 · (-2) = 1 – 12 = -11$

4 Einige Aufgaben wurden falsch gerechnet. Finde den Fehler und korrigiere, wenn nötig, das Ergebnis.

a) $13 – 5 : 2 = 4$ falsch $13 – 2,5 = 10,5$
b) $-1 · 15 · (10 : (-2)) = -75$ falsch $-15 · (-5) = 75$
c) $((-5 – 13) : 2 + 6) · (-2) = 6$ richtig
d) $((18 + 9 : (-3)) : 3) + 3 · 4 = 9$ falsch $15 : 3 + 12 = 17$
e) $(-6 + 10 : 2) · ((-100) : (-2)) = 50$ falsch $-1 · 50 = -50$
f) $(-5 + 12 – 35) : ((-7) · (-2)) = -2$ richtig

5 Vervollständige die Tabelle.

a	b	c	a + b + c	(a + b) · c	(a – c) · b
1	4	2	$1 + 4 + 2 = 7$	$(1 + 4) · 2 = 10$	$(1 – 2) · 4 = -4$
-2	3	-3	$-2 + 3 + (-3) = -2$	$(-2 + 3) · (-3) = -3$	$(-2 – (-3)) · 3 = 3$
5	-1	5	$5 + (-1) + 5 = 9$	$(5 + (-1)) · 5 = 20$	$(5 – 5) · (-1) = 0$
0	7	-2	$0 + 7 + (-2) = 5$	$(0 + 7) · (-2) = -14$	$(0 – (-2)) · 7 = 14$
-3	-3	-3	$-3 + (-3) + (-3) = -9$	$(-3 + (-3)) · (-3) = 18$	$(-3 – (-3)) · (-3) = 0$

Weiterführende Aufgaben

6 Schreibe den entsprechenden Ausdruck auf und berechne.

a) Multipliziere die Summe von -7 und 5 mit 3. $(-7 + 5) · 3 = -6$
b) Addiere die Produkte von -8 und -2 und von -2 und 4. $-8 · (-2) + (-2) · 4 = 8$
c) Addiere 6 zum Quotienten von 81 und 9 und addiere anschließend -2. $6 + 81 : 9 + (-2) = 13$
d) Subtrahiere 3 von der Differenz von 78 und -5. $78 – (-5) – 3 = 80$

7 Alle ganzen Zahlen, die größer als -52 und kleiner als -49 sind, werden addiert. Berechne das Ergebnis.

$-50 + (-51) = -101$

8 Gegeben ist ein Rechenbaum.
a) Vervollständige den Rechenbaum.
b) Schreibe die Rechnung aus dem Rechenbaum auf. Setze sinnvolle Klammern. Löse anschließend schrittweise.

$((3 – 8) · 10) : (-1) = (-5 · 10) : (-1) = -50 : (-1) = 50$

Zusatzaufgabe: Erstelle selbst einen Rechenbaum und tausche ihn mit deinem Nachbarn. Schreibe die passende Rechnung auf und löse.

individuelle Lösungen

Wo stehe ich?

🙂 Die Aufgabe kann ich sicher lösen.

😐 Die Aufgabe kann ich mit Nachschauen lösen.

🙁 Ich kann die Aufgabe nicht lösen. Hier brauche ich Hilfe.

Ich kann …	🙂	😐	🙁	Hier kannst du üben.
• ganze Zahlen auf einer Zahlengerade ablesen und eintragen, sowie Punkte im Koordinatensystem mit vier Quadranten ablesen und eintragen. (Aufgabe 2 und 3)				S. 64, 65, 66, 67, 68, 70
• Zustandsänderungen beschreiben. (Aufgabe 1 und 2)				S. 65, 68, 69
• die Grundrechenarten mit ganzen Zahlen durchführen. (Aufgabe 3 und 4)				S. 70–75
• Vorrang- und Klammerregeln beim Rechnen mit allen Grundrechenarten anwenden. • das Kommutativgesetz, Assoziativgesetz und Distributivgesetz zur Vereinfachung verwenden. (Aufgabe 5)				S. 74, 75

Teste dich

1 Unterstreiche den Fehler. Gib eine kleine Veränderung an, durch die eine wahre Aussage entsteht.

a) Mainz liegt 226 m unter dem Meeresspiegel.

z. B.: **Mainz liegt 226 m über dem Meeresspiegel.**

b) Von 10 € Schulden wurden 5 € zurückgezahlt. Es blieben 15 € Schulden übrig.

z. B.: **… Es blieben 5 € Schulden übrig.**

2 Lies zuerst die Temperaturen ab.
Gib danach an, um wie viel Grad Celsius die Temperatur stieg oder fiel.

0 °C	−10 °C	−5 °C	5 °C	−10 °C	5 °C	5 °C	−15 °C
Die Temperatur **fiel um 10 °C.**		Die Temperatur **stieg um 10 °C.**		Die Temperatur **stieg um 15 °C.**		Die Temperatur **fiel um 20 °C.**	

3 Trage die Punkte ins Koordinatensystem ein.
Verbinde sie in alphabetischer Reihenfolge und N mit A.

A(2|−6)   B(2|−2)
C(5|0)   D(1|1)
E(1|4)   F(−1|1)
G(−4|8)   H(−4|6)
I(−6|6)   J(−2|1)
K(−4|2)   L(−2|−1)
M(−4|−5) N(0|−3)

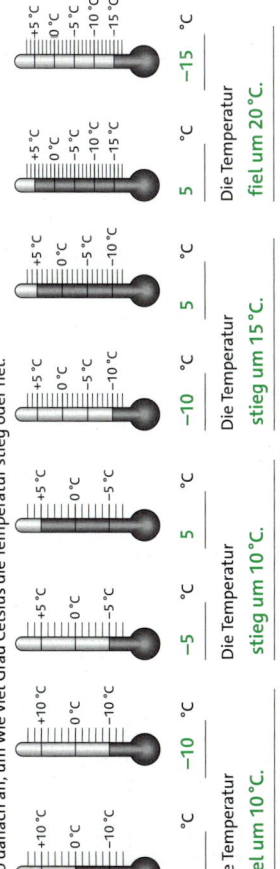

4 Ergänze die Tabelle.

alter Kontostand	120 €	−30 €	−25 €	100 €	10 €	185 €	−20 €	−195 €
neuer Kontostand								
Veränderung	Auszahlung von 150 €	Auszahlung von 150 €	Einzahlung von 125 €		Einzahlung von 175 €		Auszahlung von 175 €	

5 Rechne vorteilhaft.

a) −17 + 35 − 23 + 15 =   **−40 + 50 = 10**

b) 12 · (−7) + 12 · (−3) =   **12 · (−10) = −120**

c) 3 − 1 − 3 + 1 − 2 =   **0 + 0 − 2 = −2**

d) (10 + 4) · 13 =   **130 + 52 = 182**

Jahrgangsstufentest

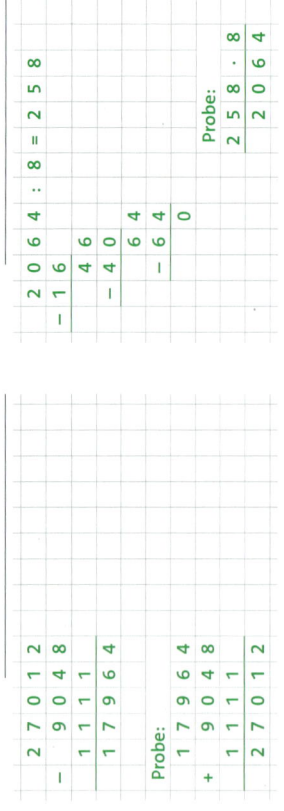

1 Anja hat gewürfelt und die gewürfelte Augenzahl aufgeschrieben:

1; 5; 4; 6; 5; 3; 2; 1; 4; 6; 3; 3; 6;
4; 2; 5; 5; 3; 2; 4; 5; 1; 6; 6; 3; 5; 6.

a) Fertige eine Strichliste an.

b) Veranschauliche die Daten in einem Säulendiagramm.

gewürfelte Augenzahl	Anzahl
1				
2					
3						
4					
5							
6							

2 Ergänze die Tabelle.

Runde auf …	Zehner	Hunderter	Tausender	Zehntausender
17569	17570	17600	18000	20000
127899	127900	127900	128000	130000
2099	2100	2100	2000	0

3 Rechne in die geforderte Einheit um.

a) $5000\,cm =$ __500__ dm b) $97\,km =$ __97000__ m c) $82700\,cm^2 =$ __827__ dm^2 d) $27\,cm^2 =$ __2700__ mm^2

e) $823000\,g =$ __823__ kg f) $27\,t =$ __27000__ kg g) $180\,min =$ __3__ h h) $5\,d =$ __120__ h

4 Haus im Koordinatensystem

a) Gib die Koordinaten der Punkte an.

A(__1__ | __1__)B(__7__ | __1__)

C(__7__ | __4__)D(__4__ | __6__)

E(__1__ | __4__)

b) Gib parallele Strecken an.

$\overline{AE} \parallel \overline{BC}$

c) Gib zueinander senkrechte Strecken an.

$\overline{AB} \perp \overline{BC}; \; \overline{AB} \perp \overline{AE}$

d) Gib den Flächeninhalt und den Umfang vom Viereck ABCE an.

$A = 18\,cm^2$ $u = 18\,cm$

---

5 Entscheide, wie groß der abgebildete Strohballen ungefähr ist. Begründe deine Antwort mithilfe des Fotos und einer Rechnung.

☐ $25\,km^3$ ☐ $25\,m^3$ ☒ $250\,dm^3$ ☐ $250\,cm^3$ ☐ $250\,m^3$

Der Ballen ist etwa so hoch, wie die Beine der Ziege

lang sind, und genauso breit. Es sind rund 50 cm = 5 dm.

Er ist doppelt so lang wie breit, also rund 100 cm = 10 dm.

$10\,dm \cdot 5\,dm \cdot 5\,dm = 250\,dm^3$

6 Berechne das Ergebnis. Überprüfe mithilfe der Umkehrung.

a) $27012 - 9048 =$ __17964__

```
  2 7 0 1 2
- 1 9 0 4 8
- 1 1 1 1
  1 7 9 6 4
```

Probe:
```
  1 7 9 6 4
+ 1 1 1 1
  9 0 4 8
  2 7 0 1 2
```

b) $2064 : 8 =$ __258__

```
2 0 6 4 : 8 = 2 5 8
1 6
  4 6
  4 0
    6 4
    6 4
      0
```

Probe:
```
2 5 8 · 8
2 0 6 4
```

7 Trage die gesuchten Begriffe in die Kästchen ein. Wenn alles richtig ist, ergibt sich ein Lösungswort.

1. Bei Quadern verlaufen die Kanten … zueinander.
2. Rauminhalt
3. Fachwort für einen Teil des Quotienten
4. Währungseinheit
5. Ermitteln von Näherungswerten nach festgelegten Regeln
6. Zahlen mit genau zwei Teilern nennt man …
7. Einheit der Zeit
8. Fachwort für einen Teil der Differenz
9. spezielles Rechteck
10. Maß für Flüssigkeiten
11. Summe aller Seitenlängen
12. Methode zur Bestimmung von Flächeninhalten
13. zweite Koordinate
14. Die Dauer zwischen zwei Zeitpunkten nennt man …
15. Rechengesetz der Multiplikation und Addition
16. Körper mit 6 Seitenflächen
17. Einheit der Masse (des Gewichts)

1. | S | E | N | K | R | E | C | H | T |
2. | V | O | L | U | M | E | N |
3. | D | I | V | I | S | O | R |
4. | E | U | R | O |
5. | R | U | N | D | E | N |
6. | P | R | I | M | Z | A | H | L | E | N |
7. | S | T | U | N | D | E |
8. | S | U | B | T | R | A | H | E | N | D |
9. | Q | U | A | D | R | A | T |
10. | L | I | T | E | R |
11. | U | M | F | A | N | G |
12. | A | U | S | L | E | G | E | N |
13. | Y |-Wert
14. | Z | E | I | T | S | P | A | N | N | E |
15. | K | O | M | M | U | T | A | T | I | V | G | E | S | E | T | Z |
16. | Q | U | A | D | E | R |
17. | G | R | A | M | M |

Inhaltsverzeichnis

Daten auswerten und darstellen

- Daten können mit einem Fragebogen erhoben werden.
- Mit einer **Strichliste** wird gezählt, wie oft jede Antwort gegeben wurde.
- Diese Zahlen schreibt man in eine **Häufigkeitstabelle**.
- Die Daten können in einem **Säulendiagramm** dargestellt werden.

Beispiel:

Vögel	Eichhörnchen	Mäuse
IIII	II	̶I̶I̶I̶I̶ I
4		

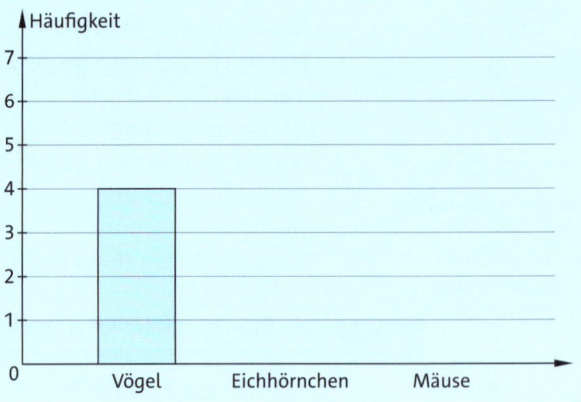

Auftrag: Alice wandert im Wald und hat in einer Strichliste festgehalten, welche Tiere sie gesehen hat. Vervollständige die Häufigkeitstabelle und das Säulendiagramm.

Basisaufgaben

1 Karim hat jeden Tag der Woche festgehalten, wie viele Stunden er in der Nacht zuvor geschlafen hat.

a) Vervollständige die Häufigkeitstabelle.

Wochentag	geschlafene Stunden
Montag	
Dienstag	
Mittwoch	
Donnerstag	
Freitag	
Samstag	
Sonntag	

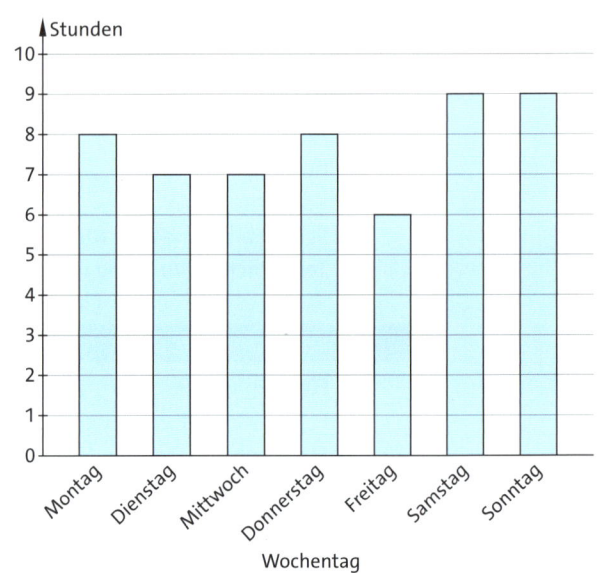

b) Karim sagt, dass er sich am Montag besonders müde gefühlt hat. Beurteile, ob seine Daten das Müdigkeitsgefühl bestätigen können.

_____

_____

Zusatzaufgabe: Erfasse deine eigenen geschlafenen Stunden einer Woche und zeichne ein passendes Säulendiagramm.

2 In der Klasse 5a wurden die natürlichen Haarfarben der Lernenden erfasst. Nenne drei Fehler, die bei der Erstellung des Säulendiagramms gemacht wurden.

_____

_____

_____

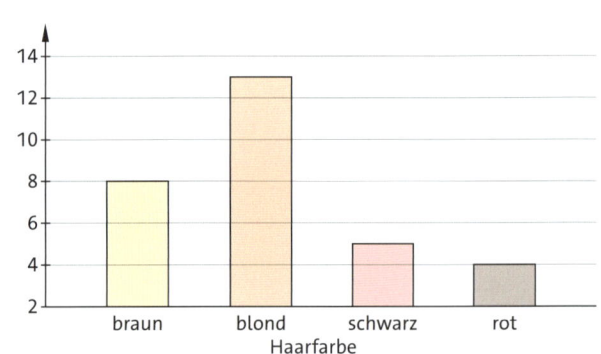

3 In einem Unternehmen wurden die Mitarbeiter befragt, welche anderen Sprachen sie sprechen außer Deutsch. Die Antworten wurden in einer Häufigkeitstabelle festgehalten.

Sprache	Häufigkeit
Englisch	20
Spanisch	12
Russisch	5
Französisch	8

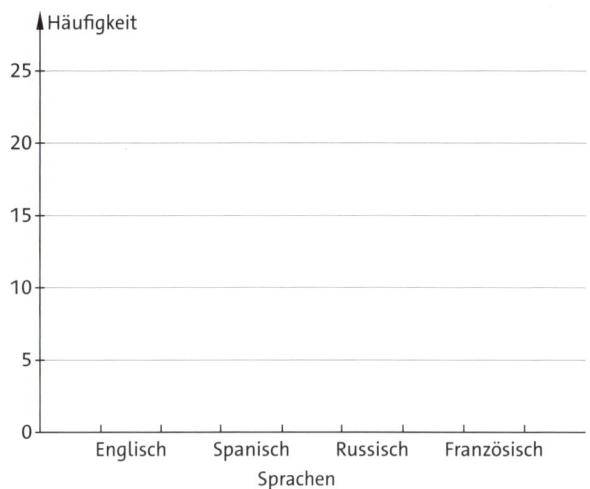

a) Vervollständige das Säulendiagramm.

b) Begründe, warum man von diesen Daten nicht auf die Zahl der Mitarbeiter des Unternehmens schließen kann.

_____

_____

_____

4 Athleten des modernen Fünfkampfs wurden befragt, welche Disziplin sie am liebsten mögen.

Antworten: *Fechten, Fechten, Fechten, Schießen, Laufen, Schwimmen, Schwimmen, Fechten, Hindernislauf, Schwimmen, Schießen, Schwimmen, Laufen, Schwimmen, Hindernislauf, Laufen, Fechten, Laufen, Schwimmen, Hindernislauf*

a) Vervollständige die Strichliste und Häufigkeitstabelle.

Disziplin	Strichliste	Häufigkeit
Schießen		
Fechten		
Schwimmen		
Laufen		
Hindernislauf		

b) Zeichne ein passendes Säulendiagramm

Weiterführende Aufgaben

5 Befrage deine Mitschüler, wo sie in den Sommerferien Urlaub gemacht haben. Halte deine Ergebnisse mithilfe der Häufigkeitstabelle fest. Zeichne anschließend ein passendes Säulendiagramm. Hinweis: Mit „in Europa" sind alle europäischen Länder außer Deutschland gemeint.

Du kannst zuerst eine Strichliste machen.

zu Hause	
in Deutschland	
in Europa	
außerhalb von Europa	

ordnen   Zahlenstrahl

Natürliche Zahlen – große Zahlen

- Die Zahlen 0, 1, 2, 3 … heißen natürliche Zahlen (kurz ℕ).
- Die Bedeutung einer Ziffer hängt davon ab, an welcher Stelle sie steht.
- Von zwei natürlichen Zahlen ist diejenige die größere, die mehr Stellen hat.
  Bei gleich vielen Stellen ist die Zahl mit der höchsten größeren Stelle die größere Zahl.

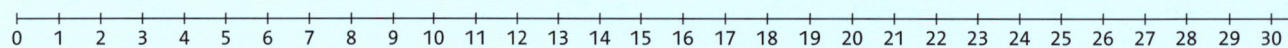

0 1 2 3 4 5 6 7 8 9 10 11 12 13 14 15 16 17 18 19 20 21 22 23 24 25 26 27 28 29 30

Beispiele:

Milliarden			Millionen			Tausender			Einer		
H	Z	E	H	Z	E	H	Z	E	H	Z	E
									1	2	3
1	0	0	2	0	0	3	0	0	0	0	0
1	0	0	2	0	3	0	0	0	0	0	0

einhundertdreiundzwanzig

einhundert Milliarden zweihundert Millionen dreihunderttausend

einhundert Milliarden zweihundertdrei Millionen

zehn Milliarden zweihundert Millionen dreitausend

123 __ 100200300000   100200300000 __ 100203000000

Auftrag: Vervollständige die Stellenwerttafel und vergleiche die Zahlen.

Basisaufgaben

1 Markiere zuerst „Dreierpäckchen".
Trage danach die Zahlen in die Stellenwerttafel ein.
Zusatzaufgabe: Lies die Zahlen laut vor.

Um sie besser lesen zu können, schreibt man große Zahlen in Dreierpäckchen auf.

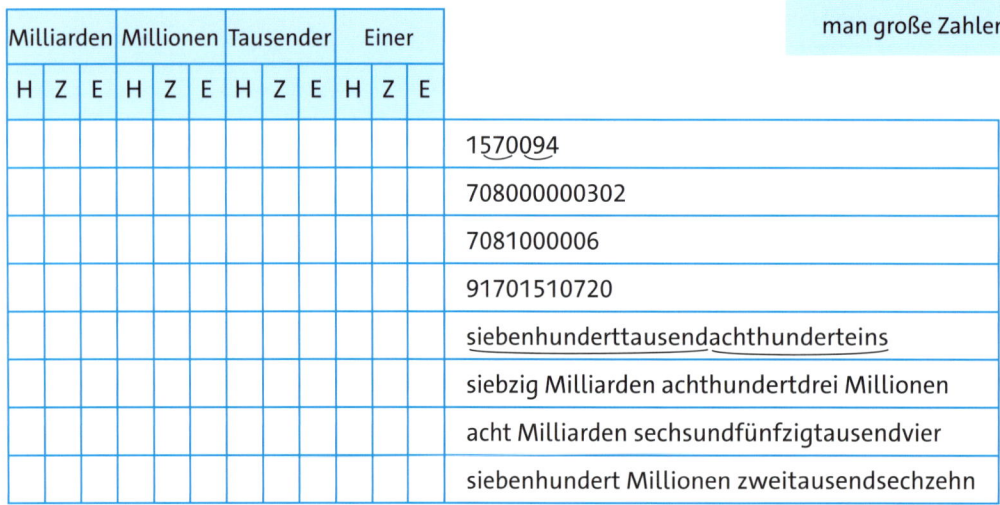

Milliarden			Millionen			Tausender			Einer		
H	Z	E	H	Z	E	H	Z	E	H	Z	E

1570094

708000000302

7081000006

91701510720

siebenhunderttausendachthunderteins

siebzig Milliarden achthundertdrei Millionen

acht Milliarden sechsundfünfzigtausendvier

siebenhundert Millionen zweitausendsechzehn

2 Schreibe die Anzahl der Stellen der Zahl in das Sechseck.
Zusatzaufgabe: Nummeriere die Zahlen der Größe nach. Beginne mit 1 bei der kleinsten Zahl.

a) drei Milliarden ⬡   b) dreitausend ⬡   c) drei Millionen ⬡   d) dreißig Milliarden ⬡

e) zweiunddreißig-tausend ⬡   f) dreihundert Millionen ⬡   g) dreihundert Milliarden ⬡   h) zwölf Millionen ⬡

3 Vergleiche. Setze das Zeichen <, = oder > ein.

a) 278 ☐ 287   b) 476 ☐ 468   c) 9762 ☐ 9762   d) 35 329 ☐ 35 432

e) 254 332 ☐ 254 323   f) 496 576 ☐ 469 579   g) 1 857 762 ☐ 1 856 763   h) 305 999 ☐ 350 444

4 Ergänze Vorgänger und Nachfolger.
Hinweis: Zähle vorwärts und rückwärts.

a) _____ < 78 987 < _____

b) _____ < _____ < 78 009 804

c) 999 998 < _____ < _____

d) _____ < 15 996 000 < _____

5 Schreibe Zahlen an die markierten Stellen.

a)
```
0                    10
```

b)
```
0        20
```

c)
```
0    100   200   300
```

d)
```
0    1000   2000   3000
```

6 Markiere auf dem Zahlenstrahl.

a) 80; 110; 150; 65; 40; 25; 125
```
0          100
```

b) 8000; 16 000; 14 000; 1000; 6000; 11 000; 3000
```
0          10 000
```

Weiterführende Aufgaben

7 China ist mit 1 425 849 288 Einwohnern das bevölkerungsreichste Land der Welt in 2024. In der Tabelle sind Länder und deren Bevölkerungszahlen gegeben.

a) Trage die Werte in die Stellenwerttafel ein.

b) Recherchiere selbst die Bevölkerungszahlen von zwei weiteren Ländern und trage sie in die Tabelle und Stellenwerttafel ein.

c) Schreibe die Bevölkerungszahlen von Botswana, Kasachstan und Belize in Ziffern.

Land	Einwohner
China	1 425 849 288
Brasilien	215 802 222
Deutschland	83 312 897
Südkorea	51 802 594
Mosambik	33 420 619
Grönland	56 565

Milliarden			Millionen			Tausender			Einer		
H	Z	E	H	Z	E	H	Z	E	H	Z	E

Botswana: zwei Millionen sechshundertdreiundfünfzigtausendneun _____

Kasachstan: neunzehn Millionen fünfhunderttausendvierhundertvierundneunzig _____

Belize: vierhundertsiebentausendachthundertachtundneunzig _____

Runden

Beispiele:

- Folgt nach der Rundungsstelle eine _____ so wird abgerundet. 7 5 <u>4</u> ≈ 7 5 0

- Folgt nach der Rundungsstelle eine _____ so wird aufgerundet. 7 <u>5</u> 4 ≈ 8 0 0

Auftrag: Ergänze die Ziffern.

Basisaufgaben

1 Markiere mit einer Linie, bis zu welchen Räumen man den Fluchtweg A nehmen sollte.
Zusatzaufgabe: Erkläre und begründe mithilfe der Abbildung die Rundungsregeln.

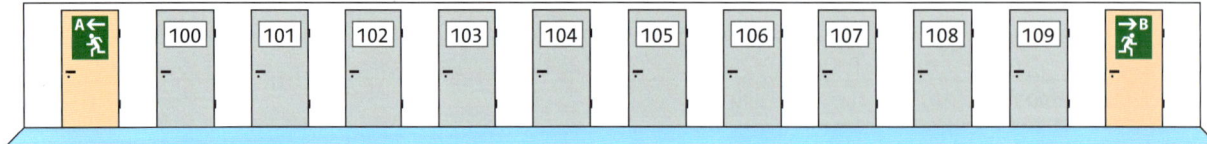

2 Runde auf die blau markierte Stelle.

a) <u>8</u>2 ≈ _____

b) 7<u>5</u> ≈ _____

c) 1<u>4</u>27 ≈ _____

d) 4<u>7</u>84 ≈ _____

e) 81<u>8</u>31 ≈ _____

f) 42<u>6</u>15 ≈ _____

g) 71<u>7</u>47 ≈ _____

h) 4<u>8</u>68 ≈ _____

i) 9<u>0</u>9 ≈ _____

j) 2<u>8</u>92 ≈ _____

k) 9<u>9</u>9 ≈ _____

l) 4<u>9</u>89 ≈ _____

3 Ergänze die Tabelle.

Runde …	16 736	321 483	73 698	196 542
auf Zehner				
auf Hunderter				
auf Tausender				
auf Zehntausender				

4 Ergänze die Sätze.
Hinweis: Beim letzten Satz gibt es mehrere Möglichkeiten.

1 146 325	auf Hunderttausender	gerundet, ist	
1 929 397	auf Zehntausender	gerundet, ist	
1 299 887	auf Tausender	gerundet, ist	
2 553 678 159	auf	gerundet, ist	2 550 000 000.
4897	auf	gerundet, ist	4900.
1 458 710 067	auf	gerundet, ist	1 458 700 000.
7 882 387 900	auf	gerundet, ist	7 900 000 000.
	auf	gerundet, ist	56 180.

5 Vervollständige den Text. Runde die Angabe in Klammern sinnvoll.

a) Madagaskar hat rund _____ (29 963 345) Einwohner.

b) Die Fahrt von Berlin nach Köln dauert etwa _____ (6 h 58 min).

c) Der Elefant Makaio im Zoo wiegt etwa _____ (6083 kg).

d) Eine Rakete fliegt mit einer Geschwindigkeit von _____ (28 476 km/h).

Zusatzaufgabe: Ein Einkauf kostet 104,12 €. Frau Müller hat den Betrag nicht passend und überlegt, wie viel Geld sie einstecken muss. Begründe, warum die Rundungsregeln hier nicht angewendet werden sollten.

6 Adrian fährt mit seinen Eltern in den Urlaub nach Marseille in Frankreich. Seine Eltern nutzen ein Navigationssystem. Es plant von Karlsruhe aus eine Fahrtzeit von 8 Stunden und 46 Minuten.

a) Adrians Eltern planen für die Fahrt 2 kleine Pausen (je 20 Minuten) und eine große Pause (45 Minuten) ein. Berechne die gesamte Dauer der Fahrt. Runde sinnvoll.

_____

_____

b) Adrian hat in das Navigationsgerät weitere Zielorte eingegeben. Runde die Entfernungen und Fahrtzeiten sinnvoll.

	Fahrtzeit		Entfernung	
	genau	gerundet	genau	gerundet
Karlsruhe – Kopenhagen	11 h 7 min		951 km	
Karlsruhe – Freiburg	1 h 28 min		135 km	
Karlsruhe – Lissabon	21 h 39 min		2128 km	
Karlsruhe – Amsterdam	6 h 8 min		550 km	

Weiterführende Aufgaben

7 Für die Erde kennen wir die Größe der Oberfläche in km² (Quadratkilometer) sehr genau. Für die anderen Planeten unseres Sonnensystems können wir nur Schätzwerte angeben. Mithilfe des Durchmessers wurde die Größe der Oberfläche eines jeden Planeten berechnet. Vervollständige die Tabelle.

Planet	Oberflächengröße in km²	Oberflächengröße gerundet auf...		
		Tausend	Hunderttausend	Millionen
Merkur	74 800 672			
Venus	460 202 377			
Mars	145 011 003			
Jupiter	66 038 648 269			
Saturn	45 642 668 625			
Uranus	8 209 138 445			
Neptun	7 706 398 357			

Größen umrechnen – Länge

Einheiten	Umrechnung
Kilometer (km)	1 km = 1000 m = _____ dm = _____ cm = _____ mm
Meter (m)	1 m = 10 dm = _____ cm = _____ mm
Dezimeter (dm)	1 dm = 10 cm = _____ mm
Zentimeter (cm)	1 cm = 10 mm
Millimeter (mm)	

Beispiele: 3 m = _____ 30 dm = _____ 300 cm = _____

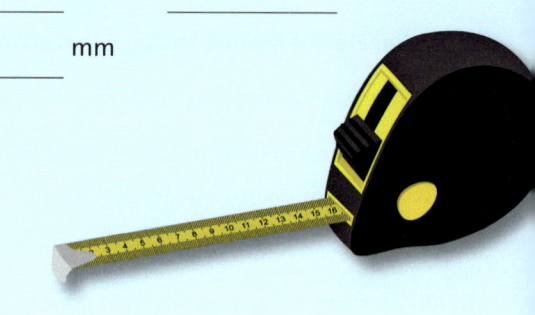

Auftrag: Ergänze die Umrechnungen und die Beispiele. Rechne dazu in die jeweils nächstkleinere Einheit um.

Basisaufgaben

1 Ergänze mögliche Längen.

a) Breite einer Tür: _____

b) Länge einer Tintenpatrone: _____

c) Höhe einer Tür: _____

d) Länge eines Güterzuges: _____

e) Dicke eines Buches: _____

f) Breite eines Daumens: _____

g) Länge eines Lkws: _____

h) Breite einer DIN-A4-Seite: _____

Längen zum Ergänzen:	
2 km	15 mm
18 m	21 dm
28 mm	38 mm
75 mm	90 cm
210 mm	320 m

2 Nenne einen Gegenstand, der ungefähr die angegebene Länge hat.
Zusatzaufgabe: Miss, wenn möglich, zur Kontrolle nach.

a) 5 cm

b) 1,5 dm

c) 2 m

_____ _____ _____

3 Ergänze die fehlende Zahl oder die Einheit.

a) 23 cm = _____ mm

b) 78 m = _____ cm

c) 40 km = _____ m

d) 900 m = 90 000 _____

e) 1200 cm = 12 000 _____

f) 7600 cm = 76 _____

4 Ergänze, wenn möglich, die passenden Größenangaben.
Hinweis: Ergänze beim Umrechnen in die nächstkleinere Einheit so viele Nullen, wie die Umrechnungszahl hat.
Streiche beim Umrechnen in die nächstgrößere Einheit so viele Nullen, wie die Umrechnungszahl hat.

a)

in der nächstkleineren Einheit	Ausgangswert	in der nächstgrößeren Einheit
	7000 m	7 km
	500 dm	
	12 km	
	60 mm	
	800 cm	

b)

in der nächstkleineren Einheit	Ausgangswert	in der nächstgrößeren Einheit
250 000 mm		
	780 km	
		4500 cm
		70 400 m
	3 050 000 m	

5 Färbe gleiche Längenangaben in der gleichen Farbe.

1200 m	12 km	1 200 000 mm	21 000 cm
12 000 dm	210 m	21 km	120 000 cm
1 200 000 cm	21 000 m	12 000 m	2100 dm

6 Rechne in mehreren Schritten um.

a) 16 dm in mm _____

b) 5000 mm in m _____

c) 12 km in cm _____

d) 1 300 000 dm in km _____

$$\cdot 1000 \left(\begin{array}{c} km \\ m \end{array} \right) : 1000$$
$$\cdot 10 \left(\begin{array}{c} \\ dm \end{array} \right) : 10$$
$$\cdot 10 \left(\begin{array}{c} \\ cm \end{array} \right) : 10$$
$$\cdot 10 \left(\begin{array}{c} \\ mm \end{array} \right) : 10$$

7 Ordne nach der Größe. Beginne mit der kleinsten Länge.   485 mm; 32 cm; 2 m; 1100 mm; 8 cm; 91 mm; 310 cm

_____

Weiterführende Aufgaben

8 In einem Park sollen die Wege am Rand auf beiden Seiten mit Steinen geschmückt werden. Ein Stein hat eine Länge von 25 cm. Es sollen rund 2 km Weg mit Steinen geschmückt werden.
Berechne, wie viele Steine benötigt werden.

_____

_____

_____

9 Leonora hat im Erdbeerbeet ihres Gartens eine Weinbergschnecke entdeckt. Eine Weinbergschnecke legt etwa 7 cm pro Minute zurück.

a) Die Schnecke überquert den 56 cm breiten Trampelpfad zwischen den Beeten. Berechne, wie lange die Schnecke für die Überquerung braucht.

_____

_____

b) In 2 Stunden wird es dunkel. Der Weg zum Garten des Nachbarn ist 7 m lang. Berechne, ob die Schnecke den Weg zum Nachbargarten zurücklegen kann, bevor es dunkel wird.

_____

_____

umrechnen

Einheitentafel

Größen umrechnen – Gewicht

Einheiten	Umrechnung					
Tonne (t)	1 t	= 1000 kg	= _____ g	= _____ mg
Kilogramm (kg)	1 kg	= 1000 g	= _____ mg
Gramm (g)	1 g	= 1000 mg
Milligramm (mg)		

Beispiele: 15 kg = _____ g   450 000 g = _____ kg   13 000 kg = _____ t

Auftrag: Ergänze die Umrechnungen und Beispiele.

Basisaufgaben

1 In welcher Einheit sollte man das Gewicht der Tiere angeben?

a) Katze: _____   b) Schwein: _____

c) Hamster: _____   d) Elefant: _____

e) Mücke: _____   f) Maus: _____

2 Kreuze passende Größenangaben an.

a) 100 g schwer ist etwa ...

☐ ein Messer   ☐ eine Tafel Schokolade   ☐ ein Teelöffel

b) 1 kg schwer ist etwa ...

☐ ein Päckchen Saft (1 ℓ)   ☐ ein Fußball   ☐ eine Tüte Mehl

3 Rechne in die nächstkleinere Einheit um.

a) 8 t = _____   b) 50 g = _____   c) 7 kg = _____

d) 300 kg = _____   e) 70 t = _____   f) 25 g = _____

g) 300 g = _____   h) 70 g = _____   i) 400 kg = _____

4 Rechne in die nächstgrößere Einheit um.

a) 2000 kg = _____   b) 5000 g = _____   c) 8000 mg = _____

d) 8000 g = _____   e) 9000 mg = _____   f) 10 000 kg = _____

g) 17 000 kg = _____   h) 78 000 mg = _____   i) 250 000 g = _____

5 Markiere gleich schwere Angaben mit der gleichen Farbe.
   Hinweis: Rechne in eine möglichst kleine Einheit um.

0,62 kg	6200 kg	6,2 kg	620 kg
0,62 t	6,2 t	6 200 000 mg	620 000 mg
6200 g	6 200 000 g	620 g	620 000 g

6 Gib das Ergebnis in der kleineren gegebenen Einheit an.

a) 120 kg + 800 g = _____

b) 77 t + 500 kg = _____

c) 1,5 kg + 250 g = _____

d) 80 g + 75 mg = _____

7 Ordne die Massen nach der Größe. Beginne mit dem kleinsten Wert.   54 540 kg; 45 450 kg; 45 540 000 g; 54 t

---

Weiterführende Aufgaben

8 Bei Edelsteinen wird das Gewicht in Karat angegeben. 1 Karat entspricht rund 200 mg.

a) Der 1905 in Südafrika gefundene Cullinan-Diamant ist der größte jemals gefundene Diamant. Er wog im Rohzustand rund 620 g. Berechne, wie viel Karat der Cullinan-Diamant im Rohzustand hatte.

_____

_____

b) Der Cullinan-Diamant wurde in mehrere große und kleine Diamanten gespalten. Vervollständige die Tabelle.

Diamant	Karat	mg
Cullinan I (großer Stern von Afrika)	530	
Cullinan II (kleiner Stern von Afrika)		63 000
Cullinan III	94	
Cullinan IV		13 000

Zusatzaufgabe: Gib das Gewicht der Diamanten auch in g an. Runde auf ganze Gramm, wenn nötig.

9 Karina macht selbst Limonade und backt einen Laib Brot. Dazu muss sie alle Zutaten abwiegen.

Hinweis: 1 l Wasser oder Orangensaft wiegt ungefähr 1 kg.

a) Berechne das Gesamtgewicht der Zutaten für die Limonade.

_____

_____

b) Berechne das voraussichtliche Gesamtgewicht des Brotteigs.

_____

_____

_____

Limonade

1,5 l Mineralwasser
250 g Zucker
500 ml frisch
gepressten Orangensaft

Brot

1 kg Mehl
10 g Hefe
5 g Salz
600 ml Wasser
100 g Kürbiskerne

Größen umrechnen – Zeit

Einheiten	Umrechnung
Tag (d)	1 d = 24 h
Stunde (h)	1 h = 60 min = _____ s
Minute (min)	1 min = 60 s
Sekunde (s)	

Ein Jahr hat _____ Monate. Ein Monat hat _____ Tage. Jede Woche hat _____ Tage.

Beispiel: 2 h 15 min = _____ min + 15 min = _____ min

Auftrag: Ergänze die Umrechnungen und das Beispiel.

Basisaufgaben

1 Ordne jeder Tätigkeit die passende Zeitspanne zu.

a) 4 km wandern: _____

b) Reis kochen: _____

c) Zähne putzen: _____

d) Datum schreiben: _____

e) Osterferien: _____

f) Jahr: _____

Zeitspannen zum Ergänzen:		
2 s	3 min	15 min
45 min	1 h	70 min
14 d	1 Monat	52 Wochen

2 Wandle in die nächstkleinere Einheit um.

a) 2 d = _____

b) 2 h = _____

c) 2 min = _____

d) 12 h = _____

e) 50 min = _____

f) 3 d = _____

g) 4 Wochen = _____

h) 10 d = _____

i) 6 min = _____

3 Wandle in die nächstgrößere Einheit um.

a) 240 h = _____

b) 240 min = _____

c) 240 s = _____

d) 480 s = _____

e) 96 h = _____

f) 180 min = _____

g) 120 h = _____

h) 120 s = _____

i) 48 h = _____

4 Ergänze den Satz.

Ein Jahr, das kein Schaltjahr ist, hat ungefähr _____ Wochen (_____ Tage).

5 Markiere gleichwertige Zeitspannen mit der gleichen Farbe.
Hinweis: Es werden sechs Farben benötigt.

480 min	8 h	1 Woche	5 d
7 d	6 Wochen	360 s	8 d
168 h	7200 min	42 d	6 min

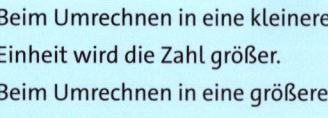

Beim Umrechnen in eine kleinere Einheit wird die Zahl größer.
Beim Umrechnen in eine größere Einheit wird die Zahl kleiner.

6 Die Erde benötigt einen Tag, um sich ein Mal um sich selbst zu drehen.
Andere Planeten unseres Sonnensystems drehen sich schneller oder langsamer.

a) Der Saturn benötigt 647 Minuten für eine Drehung. Gib die benötigte Zeit in Stunden und restlichen Minuten an.

_____

_____

b) Die Erde benötigt 1436 Minuten für eine Drehung um sich selbst. Beweise, dass die Erde für die Drehung keinen vollen Tag benötigt.

_____

_____

Zusatzaufgabe: Recherchiere, wie die fehlenden Minuten für die Drehung regelmäßig ausgeglichen werden.

7 Gib die Zeitspannen in den gegebenen Einheiten an.

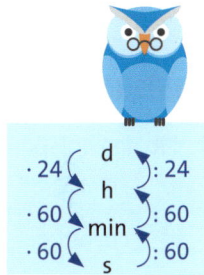

a) Vom 2. Mai um 12:00 Uhr bis zum 3. Mai um 17:00 Uhr sind es _____ h.

b) Vom 3. Mai um 15:00 Uhr bis zum 15. Mai um 21:00 Uhr sind es _____ d _____ h.

c) Vom 3. Mai um 12:00 Uhr bis zum 5. Mai um 13:30 Uhr sind es _____ d _____ min.

d) Vom 3. Mai um 12:44 Uhr bis zum 5. Mai um 12:56 Uhr sind es _____ h _____ min.

Weiterführende Aufgaben

8 Da auf der Erde nicht überall gleichzeitig Tag ist, gibt es Zeitzonen. Zum Beispiel ist es um 10 Uhr in Frankfurt erst 9 Uhr in London.
Hinweis: Nutze zum Rechnen, wenn nötig, ein zusätzliches Blatt.

a) Max fliegt mit seinen Eltern von Frankfurt nach London. Zwischen Frankfurt und London gibt es eine Zeitverschiebung von 1 Stunde. Der Hin- und Rückflug dauert gleich lang. Vervollständige die Tabelle.

	Datum	von	Abflug	nach	Ankunft	Flugzeit
Hinflug	20.07.2023	Frankfurt	10:25 Uhr	London	10:45 Uhr	
Rückflug	29.07.2023	London	18:45 Uhr	Frankfurt		

b) Aika besucht in den Sommerferien ihre Oma in Tokio in Japan. Zwischen Tokio und Frankfurt gibt es eine Zeitverschiebung von 7 Stunden. 10 Uhr in Frankfurt ist 17 Uhr in Tokio. Vervollständige die Tabelle.

	Datum	von	Abflug	nach	Ankunft	Flugzeit
Hinflug	03.08.2024	Frankfurt	14:00 Uhr	Tokio	9:50 (am 04.08.2023)	
Rückflug	17.08.2024	Tokio		Frankfurt	17:30 Uhr	14 Std. 50 Min.

Maßstab

- Ein Maßstab gibt an, wievielmal die Dinge im Bild verkleinert oder vergrößert wurden.
- Ein Maßstab 1:500 („1 zu 500") stellt eine 500-fache Verkleinerung dar.
- 1:500 bedeutet 1 cm im Bild entspricht 500 cm = 5 m in der Wirklichkeit.

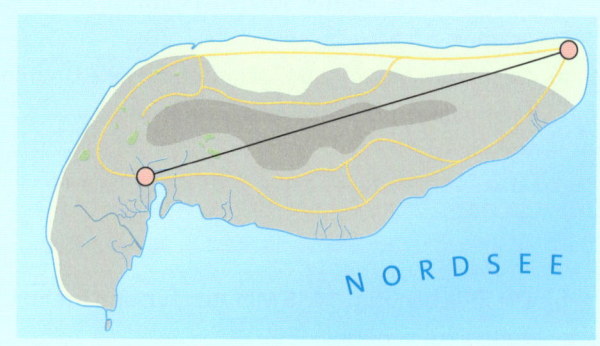

Beispiel:

Auf einer Insel sind zwei Orte 12 km voneinander entfernt.

1 cm auf der Karte entspricht _____ km in der Realität.

2 km = _____ m = _____ cm

Maßstab: _____

Auftrag: Vervollständige das Beispiel. Gib den Maßstab der Karte an.

Basisaufgaben

1 Gib den entsprechenden Maßstab an.

a) 1 cm auf der Karte entspricht 1 km in der Realität. Maßstab: _____

b) 1 cm auf der Karte entspricht 500 cm in der Realität. Maßstab: _____

c) 1 cm auf der Karte entspricht 12 dm in der Realität. Maßstab: _____

d) 1 cm auf der Karte entspricht 250 m in der Realität. Maßstab: _____

e) 1 cm auf der Karte entspricht 5 km in der Realität. Maßstab: _____

2 Ergänze die Tabellen und die Tabellenüberschriften.

a) Maßstäbliche _____

Maßstab	1:25	1:300000	1:5000	1:150
Länge im Bild	2 mm	3 cm		
Länge in Wirklichkeit			200 m	300 dm

b) Maßstäbliche _____

Maßstab	5:1	50000:1	1000:1	40:1
Länge im Bild	2 mm	1 km		
Länge in Wirklichkeit			2 mm	2,8 dm

3 Ergänze die Tabelle. Gib das Ergebnis in einer sinnvollen Einheit an.

Maßstab	1:10000	1:4000	1:200000	1:2000	1:50000	1:600000
Länge in der Karte	2 cm			1 cm	8 cm	
Länge in der Wirklichkeit	200 m	240 m	10 km			18 km

4 Gib die zugehörigen Maßstäbe an.

Zusatzaufgabe: Ermittle, wie lang eine in Wirklichkeit 2 km lange Strecke auf einer Karte mit dem Maßstab wäre.

a)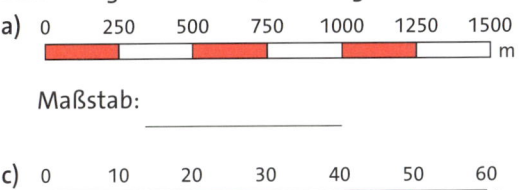

Maßstab: _____

b)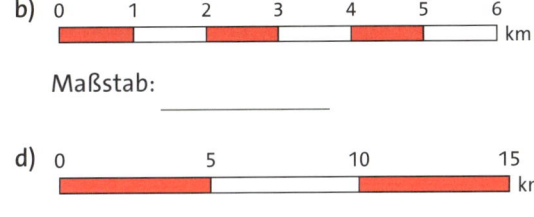

Maßstab: _____

c)

Maßstab: _____

d)

Maßstab: _____

5 Familie Schlesig möchte ihren Garten neugestalten. Dazu haben sie eine verkleinerte Abbildung des Gartens gezeichnet. Die obere Seite des Gartens ist 15 m lang.

a) Gib den Maßstab an, in dem das Bild gezeichnet wurde.

_____

_____

b) Familie Schlesig möchte einen Zaun um ihren Garten herum aufstellen. Berechne, wie viele Meter Zaun sie benötigen.
Hinweis: Der Garten wird von allen Seiten eingezäunt.

_____

_____

_____

Weiterführende Aufgaben

6 Captain Horrace Willow ist auf der Suche nach dem verschollenen Piratenschatz. Auf der Karte ist der Weg zum Schatz eingezeichnet. Der Weg zum Schatz ist auf der Karte 24 cm lang. Der Maßstab beträgt 1:250 000.

a) Berechne, wie weit der Weg zum Schatz ist.

_____

_____

b) Der Weg durch die Berge ist versperrt. Captain Willow muss einen Umweg von 15 km gehen. Berechne, wie lang der Umweg auf der Karte wäre.

_____

_____

_____

Zusatzaufgabe: Gib Möglichkeiten an, um die Länge eines gewundenen Weges, wie auf der Karte, abzumessen.

Teste dich

1 Laura befragt ihre Mitschüler nach ihrer Lieblingsschokoladensorte. Sie hat die Antworten in einer Strichliste festgehalten. Vervollständige die Häufigkeitstabelle und zeichne ein passendes Balkendiagramm.

Schokolade	Strichliste	Häufigkeit
weiße	ℍℍ II	
Vollmilch	ℍℍ ℍℍ II	
zartbitter	IIII	
mit Nüssen	ℍℍ I	

2 Runde links auf die angegebene Stelle.
Trage rechts, wo es sinnvoll ist, die gerundete Zahl ein und sonst die gegebene Zahl.

a) Runde auf Hunderter: $257 \approx$ _____   Hans wohnt in der Schillerpromenade _____

b) Runde auf Tausender: $149\,647 \approx$ _____   Regensburg hat _____ Einwohner.

c) Runde auf Zehner: $4808 \approx$ _____   Der höchste Berg der Alpen ist _____ m hoch.

3 Rechne in die geforderte Einheit um.

a) $7\,km =$ _____ m

b) $85\,cm + 5\,mm =$ _____ mm

c) $780\,dm =$ _____ m

d) $78\,000\,g =$ _____ kg

e) $95\,t =$ _____ kg

f) $75\,000\,mg =$ _____ g

g) $7\,d =$ _____ h

h) $1\,h + 30\,min =$ _____ min

i) $180\,s =$ _____ min

4 Ergänze eine Einheit, sodass die Aussage wahr sein kann.

a) Ein Päckchen Saft wiegt ca. 200 _____

b) Ein Atemzug dauert ca. 2 _____

c) Eine Arbeitsheftseite ist ca. 200 _____ breit und 3 _____ hoch.

5 Jonas möchte sich ein Videospiel kaufen für 80 €. Dazu möchte er einige seiner Sammelkarten verkaufen. 600 seiner Sammelkarten sind jeweils rund 12 Cent wert.

a) Berechne, wie viel Euro Jonas nach dem Verkauf der Sammelkarten noch fehlen.

_____

_____

b) Jonas hat weitere Sammelkarten die jeweils rund 40 Cent wert sind. Berechne, wie viele dieser Sammelkarten er verkaufen muss, um das fehlende Geld zu verdienen.

_____

_____

Wo stehe ich?

☺ Die Aufgabe kann ich sicher lösen.

☺ Die Aufgabe kann ich mit Nachschauen lösen.

☹ Ich kann die Aufgabe nicht lösen. Hier brauche ich Hilfe.

Ich kann ...	☺	☺	☹	Hier kannst du üben.
• Daten aus Diagrammen ablesen. • Daten in Diagrammen darstellen. (Aufgabe 1)				S. 2, 3
• Zahlen vergleichen und Angaben ihrer Größe nach ordnen. (Aufgabe 1)				S. 4, 5 S. 9, 11
• Zahlen sinnvoll runden. (Aufgabe 2)				S. 6, 7
• Größen schätzen. (Aufgabe 4)				S. 8, 10, 12
• Längen, Gewichte und Zeiten in verschiedenen Einheiten angeben und mit ihnen rechnen. (Aufgaben 3 und 5)				S. 8–15
• Längen und Gewichte in Kommaschreibweise darstellen.				S. 10, 14
• Informationen in Texten erkennen und Sachaufgaben lösen. (Aufgabe 5)				S. 3, 5, 7, 9, 11, 13, 15

Addieren und Subtrahieren

Es gibt mehrere Möglichkeiten, Zahlen
zu addieren und zu subtrahieren:

- Zerlege die zweite Zahl in Zehner und Einer. Addiere
  (subtrahiere) die drei Zahlen von links nach rechts.
- Ersetze die zweite Zahl durch den nächsten
  Zehner. Was du zunächst zu viel addiert
  (subtrahiert) hast, musst du danach wieder
  subtrahieren (addieren).

Beispiele:

37 + 26 = 37 ☐ 20 ☐ 6 = 57 ☐ 6 = _____

37 − 26 = 37 ☐ 20 ☐ 6 = 17 ☐ 6 = _____

37 + 26 = 37 ☐ 30 ☐ 4 = 67 ☐ 4 = _____

37 − 26 = 37 ☐ 30 ☐ 4 = 7 ☐ 4 = _____

Auftrag: Ergänze in den Beispielen die Rechenzeichen und die Ergebnisse.

Basisaufgaben

1 Markiere je zwei Zahlen mit der gleichen Farbe, deren Summe 100 ist.
Zusatzaufgabe: Markiere mehr als zwei Zahlen mit der gleichen Farbe, deren Summe 100 ist.

45	34	63	94
79	6	37	50
55	7	21	104
30	81	66	13

Addieren
Summand + Summand = Summe

Subtrahieren
Minuend − Subtrahend = Differenz

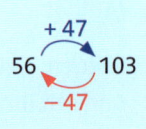

+ 47
56 ⟳ 103
− 47

2 Addiere wie in den Beispielen im Wissen.

a) 76 + 48 = _____

b) 766 + 123 = _____

c) 461 + 413 = _____

d) 1028 + 51 = _____

e) 30 + 80 = _____

f) 246 + 77 = _____

g) 801 + 912 = _____

h) 1227 + 125 = _____

3 Subtrahiere wie in den Beispielen im Wissen.

a) 75 − 41 = _____

b) 124 − 84 = _____

c) 404 − 101 = _____

d) 813 − 799 = _____

e) 366 − 18 = _____

f) 813 − 99 = _____

g) 732 − 212 = _____

h) 415 − 79 = _____

4 Setze „+" oder „−" ein, so dass die Rechnung stimmt.

a) 40 ☐ 80 ☐ 20 = 140

b) 77 ☐ 27 ☐ 30 = 20

c) 100 ☐ 80 ☐ 19 = 1

d) 45 ☐ 45 ☐ 3 = 93

e) 23 ☐ 50 ☐ 13 = 60

f) 75 ☐ 80 ☐ 20 = 135

g) 210 ☐ 40 ☐ 15 = 185

h) 66 ☐ 77 ☐ 55 = 88

5 Ergänze.
Hinweis: Bei **b** stehen in der ersten Spalte die Minuenden und in der ersten Zeile die Subtrahenden.

a)

+	60	120	301	417
800				
78	138			
117				

b)

−	70	170	302	429
800				
433	363			
516				

6 Ergänze die fehlenden Zahlen in den Additionsmauern.

Hinweis: Beide Summanden stehen jeweils unter der Summe, beispielsweise gilt bei **a** und **c** unten links 4 + 3 = 7.

a)

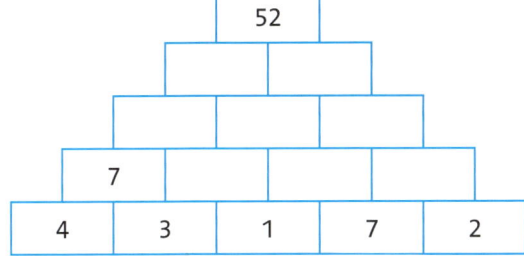

b)

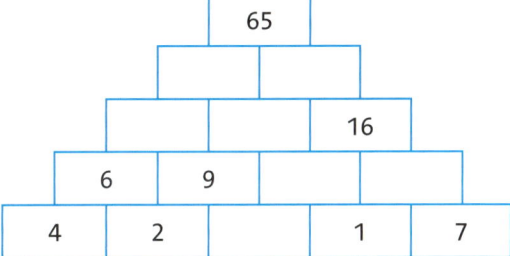

c)

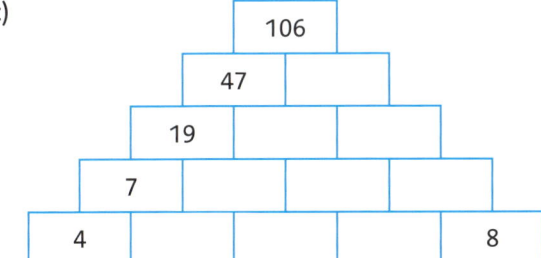

d)

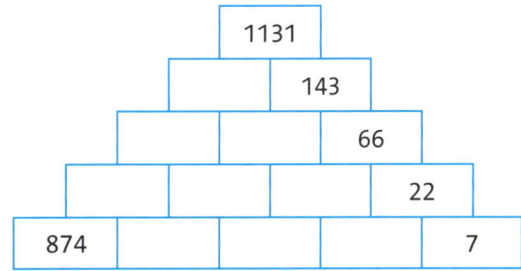

7 Alle Lösungen sind falsch. Markiere die Fehlerursachen und berechne die Ergebnisse.

a) 728 + 398 = 126 _____

b) 528 − 422 = 950 _____

c) 73 + 270 = 1000 _____

d) 111 − 22 = 98 _____

e) 256 + 255 = 1 _____

f) 161 − 76 = 97 _____

Weiterführende Aufgaben

8 Karin beobachtet die Vögel in ihrem Garten. Jedes Jahr führt sie eine Strichliste, wie oft sie welchen Vogel gesehen hat. Zusätzliche berechnet sie jedes Jahr, wie viele Vögel mehr oder weniger sie gesehen hat. Ihre Beobachtungen hat sie in einer Tabelle festgehalten.

a) Vervollständige die Tabelle.

	2020	Zunahme/ Abnahme	2021	Zunahme/ Abnahme	2022	Gesamte Zunahme/ Abnahme
Amsel	26		48		62	
Blaumeise	30	−21		+3		
Elster	78			−19		+18
Buchfink		−7			33	−22
Buntspecht		+46	85	−25		

b) Begründe, warum Karin trotz ihrer Beobachtung nichts darüber aussagen kann, wie viele Vögel welcher Art in der Nähe ihres Gartens leben.

_____

_____

_____

Multiplizieren und Dividieren

Es gibt mehrere Möglichkeiten, Zahlen zu multiplizieren und zu dividieren:

- Zerlege die 72 in Zehner und Einer und multipliziere jeweils mit 4.
- Zerlege die 96 in Summanden, die durch 3 teilbar sind und dividiere jeweils durch 3.
- Es wird zuerst ein Faktor vereinfacht und danach durch Addieren oder Subtrahieren ausgeglichen.

Beispiele:

$4 \cdot 72 = 4 \square 70 \square 4 \square 2 = 280 \square 8 = \underline{\hspace{2cm}}$

$96 : 3 = 90 \square 3 \square 6 \square 3 = 30 \square 2 = \underline{\hspace{2cm}}$

$5 \cdot 69 = 5 \square 70 \square 5 \square 1 = 350 \square 5 = \underline{\hspace{2cm}}$

Auftrag: Ergänze in den Beispielen die Rechenzeichen und die Ergebnisse.

Basisaufgaben

1 Markiere alle Zahlen mit der gleichen Farbe, deren Produkt 100 ist.
Zusatzaufgabe: Markiere mehr als zwei Zahlen mit der gleichen Farbe, deren Produkt 100 ist.

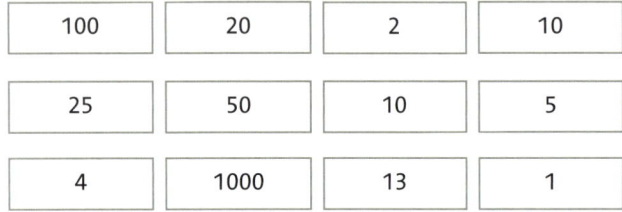

100	20	2	10
25	50	10	5
4	1000	13	1

Multiplizieren
Faktor · Faktor = Produkt

Dividieren
Dividend : Divisor = Quotient

2 Das Ergebnis steht über den Aufgaben. Vervollständige die Aufgaben.

a) **24 000**

$24 \cdot 1000$

$240 \cdot \underline{\hspace{1.5cm}}$

$2400 \cdot \underline{\hspace{1.5cm}}$

b) **560 000**

$560 \cdot \underline{\hspace{1.5cm}}$

$5600 \cdot \underline{\hspace{1.5cm}}$

$56 \cdot \underline{\hspace{1.5cm}}$

c) **48**

$480 : \quad 10$

$4800 : \underline{\hspace{1.5cm}}$

$48\,000 : \underline{\hspace{1.5cm}}$

d) **720**

$720\,000 : \underline{\hspace{1.5cm}}$

$7200 : \underline{\hspace{1.5cm}}$

$72\,000 : \underline{\hspace{1.5cm}}$

3 Ergänze die Ergebnisse.

a) $33 \cdot 10 = \underline{\hspace{1.5cm}}$
b) $56 \cdot 100 = \underline{\hspace{1.5cm}}$
c) $4500 \cdot 10 = \underline{\hspace{1.5cm}}$
d) $340 \cdot 1000 = \underline{\hspace{1.5cm}}$

e) $340 : 10 = \underline{\hspace{1.5cm}}$
f) $500 : 100 = \underline{\hspace{1.5cm}}$
g) $750\,000 : 1000 = \underline{\hspace{1.5cm}}$
h) $44\,000 : 2000 = \underline{\hspace{1.5cm}}$

4 Multipliziere wie in den Beispielen im Wissen.

a) $33 \cdot 4 = \underline{\hspace{1.5cm}}$
b) $27 \cdot 11 = \underline{\hspace{1.5cm}}$
c) $12 \cdot 12 = \underline{\hspace{1.5cm}}$
d) $11 \cdot 11 = \underline{\hspace{1.5cm}}$

e) $17 \cdot 17 = \underline{\hspace{1.5cm}}$
f) $15 \cdot 30 = \underline{\hspace{1.5cm}}$
g) $60 \cdot 100 = \underline{\hspace{1.5cm}}$
h) $23 \cdot 30 = \underline{\hspace{1.5cm}}$

i) $18 \cdot 19 = \underline{\hspace{1.5cm}}$
j) $21 \cdot 20 = \underline{\hspace{1.5cm}}$
k) $9 \cdot 48 = \underline{\hspace{1.5cm}}$
l) $45 \cdot 4 = \underline{\hspace{1.5cm}}$

5 Dividiere wie in den Beispielen im Wissen.

a) $144 : 12 = \underline{\hspace{1.5cm}}$
b) $90 : 5 = \underline{\hspace{1.5cm}}$
c) $289 : 17 = \underline{\hspace{1.5cm}}$
d) $54 : 9 = \underline{\hspace{1.5cm}}$

e) $350 : 5 = \underline{\hspace{1.5cm}}$
f) $160 : 8 = \underline{\hspace{1.5cm}}$
g) $625 : 25 = \underline{\hspace{1.5cm}}$
h) $630 : 70 = \underline{\hspace{1.5cm}}$

i) $81 : 9 = \underline{\hspace{1.5cm}}$
j) $420 : 20 = \underline{\hspace{1.5cm}}$
k) $80 : 80 = \underline{\hspace{1.5cm}}$
l) $4000 : 5 = \underline{\hspace{1.5cm}}$

6 Ergänze die fehlenden Zahlen in den Multiplikationsmauern.
Hinweis: Beide Faktoren stehen jeweils unter dem Produkt, beispielsweise gilt bei **c** unten links 5 · 2 = 10.

a)
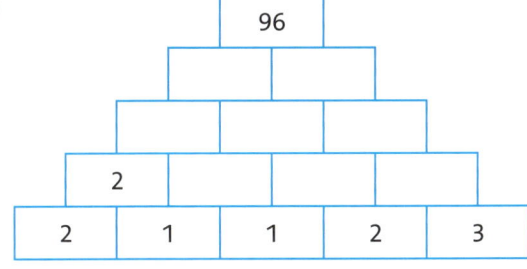

b)
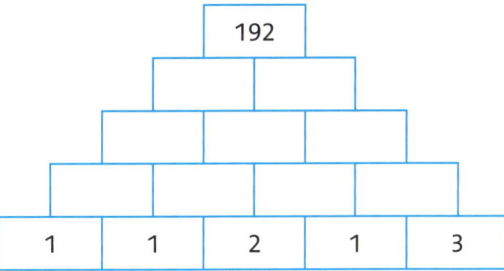

c)
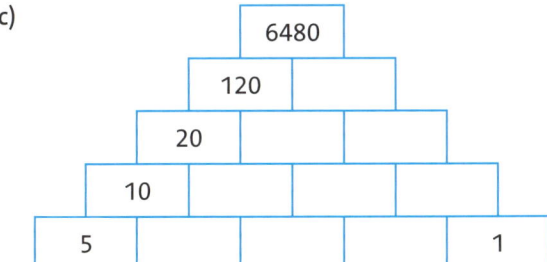

d)
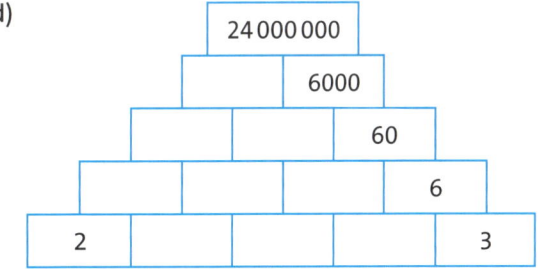

7 Ergänze die Rechenzeichen bzw. Zahlen.
a) 12 ☐ 15 = 180
b) 100 ☐ 20 = 5
c) 17 · ☐ = 34
d) 200 : ☐ = 25
e) 7 · ☐ = 63
f) 110 : ☐ = 10
g) ☐ · 5 = 105
h) ☐ · 30 = 450

Weiterführende Aufgaben

8 Eine Gärtnerei bestellt Samen für Kürbispflanzen für 3 € pro Päckchen. In einem Päckchen befinden sich rund 6 Kürbissamen.

a) Berechne, wie viele Päckchen gekauft werden müssen, um ein Feld mit 246 Pflanzen und ein Gewächshaus mit 96 Pflanzen auszustatten.

_____

_____

b) Berechne die Gesamtkosten.

_____

_____

9 Die Einlassbereiche für Kinos sind unterschiedlich groß. Je mehr Schalter am Einlassbereich, desto mehr Leute können pro Minute den Einlass passieren.

a) Berechne mithilfe der Tabelle, wie lange es dauert, bis alle Personen, den Einlass passiert haben, die ein Ticket gekauft haben.

b) Für ein Konzert wurden 10 000 Tickets verkauft. Bei der Konzerthalle sind für den Einlass 120 Minuten geplant. Pro Minute können 90 Personen den Einlass passieren. Berechne, ob genug Zeit eingeplant wurde, damit alle Zuschauer innerhalb der Zeit den Einlass passieren können.

	Personen am Einlass pro min	verkaufte Tickets	Zeit in Minuten
Kino am Markt	4	124	
Cinematic	9	171	
City-Movie	12	156	
Arthouse-Film	3	87	

_____

überschlagen   subtrahieren

Schriftliches Addieren und Subtrahieren

- Beim schriftlichen Addieren und Subtrahieren ist zu beachten, dass
  – alle Zahlen stellengerecht untereinandergeschrieben werden,
  – rechts (beim Einer) mit dem Rechnen begonnen wird und
  – der Übertrag in die jeweils nächste Spalte geschrieben wird.

- Mithilfe einer Überschlagsrechnung (Ü) kann man vorher das Ergebnis grob bestimmen oder die Lösung kontrollieren.

Beispiele:

		5	3	1
+			8	7
		1		
				8

		2	3	9
−		1	4	7
			1	
				2

Ü: 500 + 90 = 590   Ü: 240 − 140 = 100

Auftrag: Ergänze die Beispiele.

Basisaufgaben

1 Kreuze alle passenden Überschlagsrechnungen an und ergänze die Ergebnisse.
Zusatzaufgabe: Gib die Strategien der Überschlagsrechnungen an.

a) 7458 + 1809 = _____   ☐ 7000 + 1000 = _____   ☐ 7000 + 2000 = _____   ☐ 7500 + 1800 = _____

b) 789 + 408 + 78 = _____   ☐ 700 + 400 + 70 = _____   ☐ 800 + 400 + 80 = _____   ☐ 800 + 500 = _____

c) 9802 − 4138 = _____   ☐ 9000 − 4000 = _____   ☐ 9000 + 4000 = _____   ☐ 10 000 − 4000 = _____

2 Überschlage (Ü) zunächst das Ergebnis. Rechne anschließend schriftlich.

a) Ü: 8000
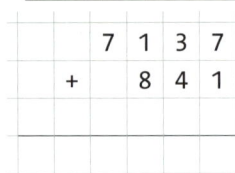

b) Ü: _____
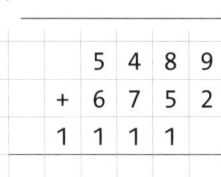

c) Ü: _____
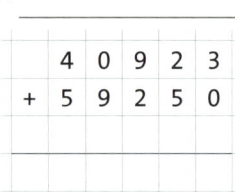

d) Ü: _____
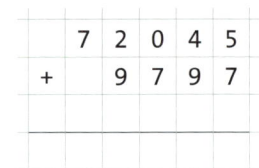

e) Ü: _____
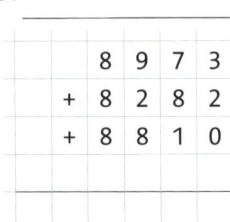

f) Ü: _____
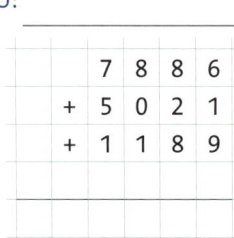

g) Ü: _____
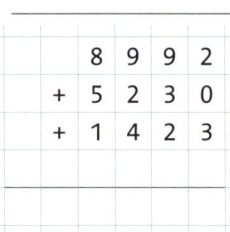

h) Ü: _____
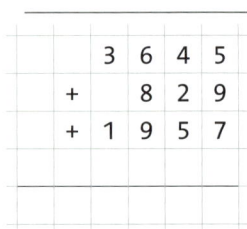

i) Ü: _____

j) Ü: _____
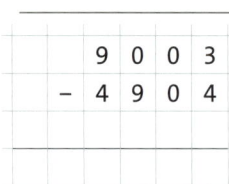

k) Ü: _____
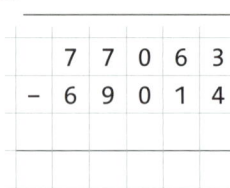

l) Ü: _____

m) Ü: _____
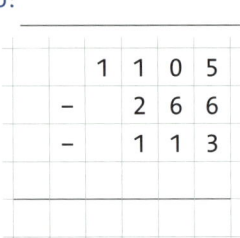

n) Ü: _____

o) Ü: _____
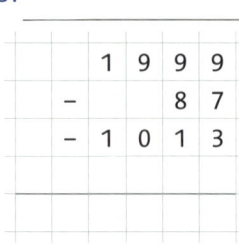

p) Ü: _____
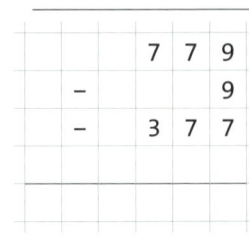

3 Subtrahiere zuerst schriftlich.
Überprüfe danach das Ergebnis durch eine Addition.

	2	5	7	8	€
−		1	2	1	€
−			8	6	€

Probe:		2	3	7	1	€
+				8	6	€
+			1	2	1	€

4 Rechne schriftlich.
Überschlage im Kopf und vergleiche mit deinem Ergebnis.

a) In einem Fußballstadion gibt es 69 250 Plätze. 52 154 Tickets wurden
bereits verkauft. Berechne, wie viele freie Plätze es noch gibt.

Im Fußballstadion sind noch _____ Plätze frei.

b) Ein Bergsteiger hat auf dem Mount Everest bereits 3455 m erklommen.
Er hat noch weitere 5393 m vor sich. Berechne die Höhe des Mount Everest.

Der Mount Everest ist _____ m hoch.

c) Eine Firma hat 16 235 Microchips hergestellt. 2611 sind jedoch fehlerhaft.
Berechne die Anzahl der fehlerfreien Microchips.

_____ Microchips sind fehlerfrei.

Weiterführende Aufgaben

5 Gleiche Symbole stehen für gleiche Ziffern.
Unterschiedliche Symbole stehen für unterschiedliche
Ziffern.
Schreibe die passenden Ziffern in die Symbole.
Hinweis: Nutze einen Bleistift und einen Radiergummi.

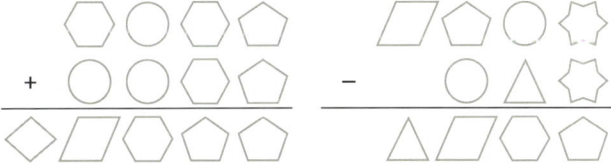

6 Frau Gensler schreibt sich seit 2018 alle Ausgaben und Einnahmen eines Jahres genau auf. So hat sie am Ende des
Jahres einen Überblick, wie viel sie in diesem Jahr und insgesamt gespart hat.

a) Vervollständige die Tabelle.

Jahr	Ersparnisse pro Jahr	gesamte Ersparnisse
2018	2282 €	2282 €
2019	3246 €	
2020		6684 €
2021	5066 €	
2022		15 398 €

b) Kreuze die richtigen Aussagen an.

	wahr	falsch
2019 sind Frau Genslers Ersparnisse am stärksten gewachsen.	☐	☐
2022 waren Frau Genslers Ersparnisse am größten.	☐	☐

multiplizieren dividieren

Schriftliches Multiplizieren und Dividieren

Schriftliches Multiplizieren: Multipliziere die 1 und die 3 nacheinander mit jeder Stelle von 391. Addiere dann stellengerecht die Ergebnisse.

Schriftliches Dividieren: Dividiere die Stellen von 540 nacheinander durch 45. Beginne mit der Hunderter- und Zehnerstelle.

Beispiele:

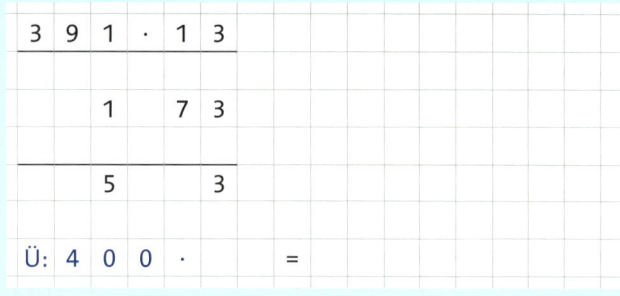

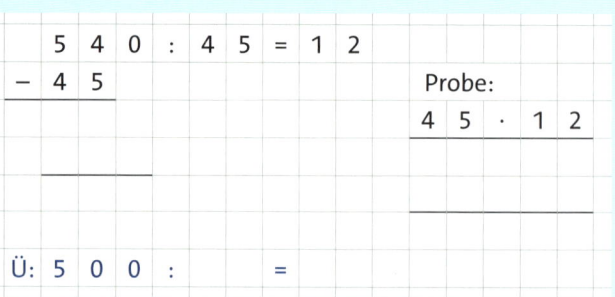

Auftrag: Ergänze die Beispiele.

Basisaufgaben

1 Ordne mithilfe des Überschlags jeder Aufgabe ihr Ergebnis zu. Verbinde mit einem Lineal.

| 456 · 41 | 6336 : 33 | 941 · 87 | 744 : 12 | 3321 · 78 | 7615 : 5 | 458 · 8 |

| 192 | 259 038 | 1523 | 18 696 | 81 867 | 62 | 1523 | 3664 |

2 Schreibe das Ergebnis des Überschlags (Ü) auf und multipliziere schriftlich.

a) Ü: _____
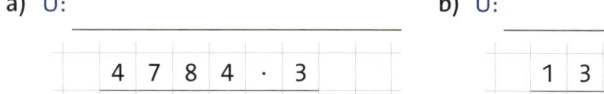
4 7 8 4 · 3

b) Ü: _____
1 3 4 8 9 · 7

c) Ü: _____

7 4 4 5 6 · 6

d) Ü: _____

3 5 · 2 4

e) Ü: _____
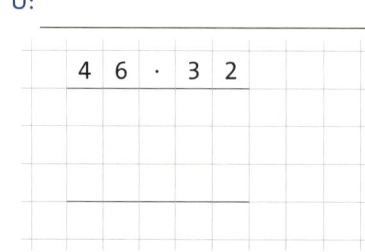
4 6 · 3 2

f) Ü: _____
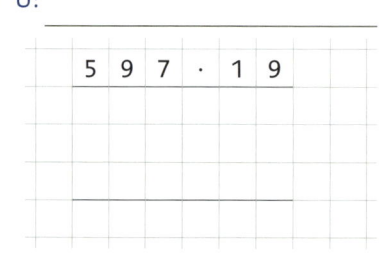
5 9 7 · 1 9

g) Ü: _____
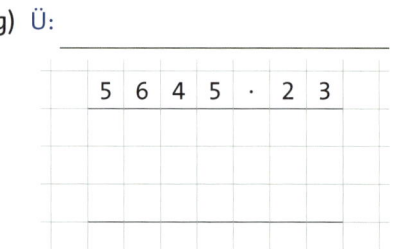
5 6 4 5 · 2 3

h) Ü: _____
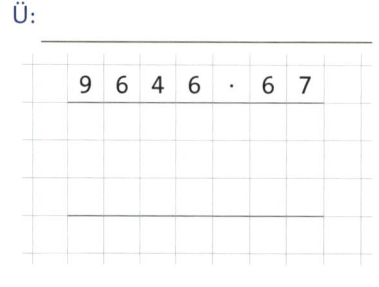
9 6 4 6 · 6 7

i) Ü: _____
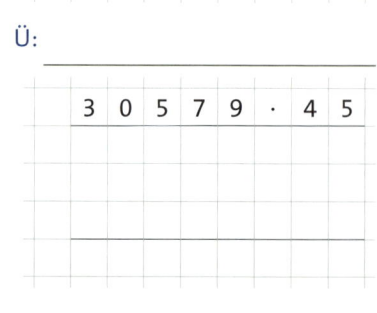
3 0 5 7 9 · 4 5

3 Stelle dir vor, du sollst schriftlich multiplizieren. Kreuze die leichtere Aufgabe (günstigere Schreibweise) an.
Zusatzaufgabe: Formuliere eine Regel.
a) ☐ 1953 · 7 ☐ 7 · 1953   b) ☐ 137 · 458 ☐ 458 · 137   c) ☐ 27 · 125 ☐ 125 · 27

4 Überschlage zuerst. Dividiere danach schriftlich. Überprüfe durch eine Multiplikation.

a) Ü: _____

b) Ü: _____

c) Ü: _____

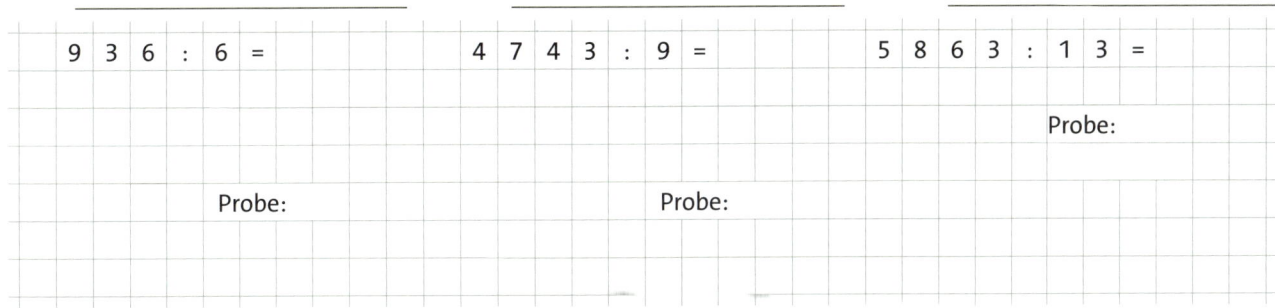

9	3	6	:	6	=

Probe:

4	7	4	3	:	9	=

Probe:

5	8	6	3	:	1	3	=

Probe:

5 In einer Fabrik werden Pralinenschachteln von einer Maschine automatisch gefaltet und befüllt. Pro Minute schafft die Maschine 26 Schachteln. Je 12 Schachteln passen in eine Kiste. Berechne, wie viele Kisten mit Pralinenschachteln in 24 Stunden produziert werden.

Weiterführende Aufgaben

6 Der Pacific Crest Trail ist ein 4265 km langer Fernwanderweg. Anka kann pro Tag 18 km zurücklegen. Täglich benötigt sie ca. 50 g Haferflocken. Berechne, wie viele Haferflocken Anka für ihre gesamte Wanderung braucht.
Hinweis: Restliche Kilometer bedeuten einen zusätzlichen Wandertag.

7 Ergänze die Rechnungen.

a)

5	8	9	7	:	25	=			R	

| | | | | 2 | | · | 2 | | | |

| | | + | | | = | 5 | 8 | 9 | 7 | |

b)

1	7	0	6	:	9	=			R	

| | | 1 | | · | 9 | |
| | | | 1 | | | |

| | | + | | | = | 1 | 7 | 0 | 6 |

  Addition  Multiplikation

Rechengesetze

Beispiele:

- Kommutativgesetz $\qquad a + b = b + a$ $\qquad$ $15 + 97 \quad =$ _____ $\quad =$ _____

$\qquad\qquad\qquad\qquad\qquad a \cdot b = b \cdot a$ $\qquad$ $5 \cdot 21 \quad =$ _____ $\quad =$ _____

- Assoziativgesetz $\qquad (a + b) + c = a + (b + c)$ $\qquad$ $17 + 44 + 56 =$ _____ $\quad =$ _____

$\qquad\qquad\qquad\qquad\qquad (a \cdot b) \cdot c = a \cdot (b \cdot c)$ $\qquad$ $7 \cdot 4 \cdot 5 \quad =$ _____ $\quad =$ _____

- Distributivgesetz: $\qquad a \cdot (b + c) = a \cdot b + a \cdot c$ $\qquad$ $5 \cdot (40 + 6) \quad =$ _____ $\quad =$ _____

Auftrag: Ergänze die Beispiele.

Basisaufgaben

1 Setze geschickt ein Klammerpaar und berechne schrittweise das Ergebnis.

a) $88 + 66 + 44$

$=$ _____

_____

b) $346 + 478 + 22 + 8$

$=$ _____

_____

c) $25 \cdot 8 \cdot 17$

$=$ _____

_____

d) $25 \cdot 5 \cdot 4 \cdot 11$

$=$ _____

_____

2 Rechne vorteilhaft.

a) $458 + 14 + 52 =$ _____

e) $58 + 75 + 22 =$ _____

b) $7 + 45 + 45 =$ _____

f) $775 + 14 + 25 =$ _____

c) $19 + 74 + 46 =$ _____

g) $19 \cdot 2 \cdot 5 =$ _____

d) $62 + 55 + 728 =$ _____

h) $8 \cdot 5 \cdot 5 =$ _____

3 Vervollständige zuerst die Rechenbäume. Gib danach, wenn möglich, passende Rechenausdrücke an.
Zusatzaufgabe: Was fällt dir auf?

a)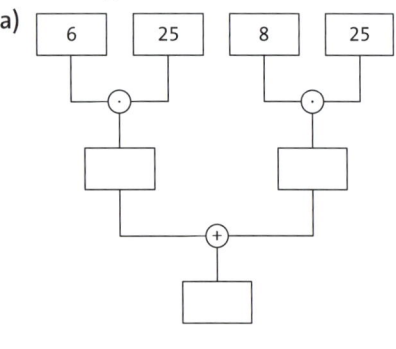

_____

b)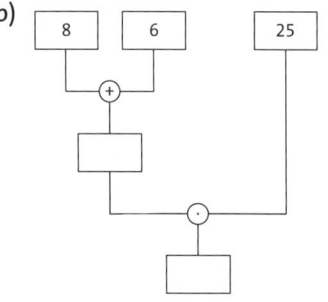

_____

c)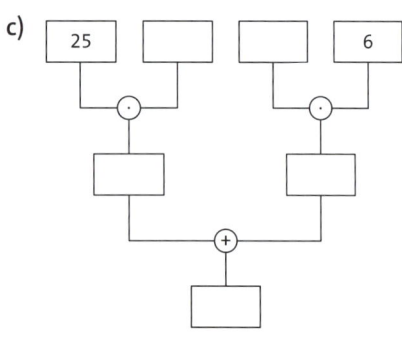

$25 \cdot 8 + 25 \cdot 6$

4 Ordne Aufgaben mit dem gleichen Ergebnis mithilfe des Distributivgesetzes einander zu. Verbinde mit einem Lineal.
Zusatzaufgabe: Löse die Aufgaben auf einem zusätzlichen Blatt.

$(53 + 12) \cdot 17$ $\qquad$ $(53 + 17) \cdot 12$ $\qquad$ $(17 + 12) \cdot 35$ $\qquad$ $(35 + 12) \cdot 17$ $\qquad$ $(35 + 21) \cdot 17$ $\qquad$ $(25 + 31) \cdot 17$

$53 \cdot 12 + 17 \cdot 12$ $\qquad$ $53 \cdot 17 + 12 \cdot 17$ $\qquad$ $25 \cdot 17 + 31 \cdot 17$ $\qquad$ $35 \cdot 17 + 21 \cdot 17$ $\qquad$ $35 \cdot 17 + 12 \cdot 17$ $\qquad$ $17 \cdot 35 + 12 \cdot 35$

5 Rechne vorteilhaft.

a) $7 \cdot 7 + 7 \cdot 13 =$ _____

b) $35 \cdot 2 + 35 \cdot 18 =$ _____

c) $12 \cdot 37 + 12 \cdot 13 =$ _____

d) $6 \cdot 7 + 4 \cdot 6 =$ _____

e) $120 \cdot 7 + 7 \cdot 80 =$ _____

f) $6 \cdot 16 + 14 \cdot 16 =$ _____

g) $1 \cdot 77 + 9 \cdot 77 =$ _____

h) $77 \cdot 0 + 77 \cdot 2 =$ _____

6 Verbinde jedes Gesetz mit passenden Aufgaben und berechne das Ergebnis. Verbinde mit einem Lineal.
Hinweis: Versuche jedes Gesetz genau ein Mal zuzuordnen.

Kommutativgesetz der Addition

$17 \cdot 4 \cdot 25 =$ _____

Assoziativgesetz der Addition

$2 + 3 + 508 =$ _____

Kommutativgesetz der Multiplikation

$2 \cdot 9 \cdot 5 =$ _____

Assoziativgesetz der Multiplikation

$38 \cdot 17 + 12 \cdot 17 =$ _____

Distributivgesetz

$195 + 88 + 12 =$ _____

7 Kreuze die Rechenausdrücke an, die aufgrund der Rechengesetze das gleiche Ergebnis wie $4 \cdot (16 + 6)$ haben.
Hinweis: Nutze, wenn nötig, ein zusätzliches Blatt zum Rechnen.

☐ $4 \cdot 16 + 6$ ☐ $4 \cdot 16 + 4 \cdot 6$ ☐ $16 \cdot 4 + 6 \cdot 4$ ☐ $4 + 4 \cdot 16 + 6$

8 Eliana sagt: „Zuerst addiere ich 12 und 9. Danach multipliziere ich das Ergebnis mit 3 und subtrahiere abschließend 5."
Schreibe einen passenden Rechenausdruck auf und berechne.

_____

Weiterführende Aufgaben

9 Ergänze die Rechenzeichen.

a) $15 \;\square\; 5 \;\square\; 15 \;\square\; 5 = 150$

b) $8 \;\square\; 37 \;\square\; 43 \;\square\; 8 = 640$

c) $55 \;\square\; 5 \;\square\; 25 \;\square\; 5 = 6$

d) $15 \;\square\; 21 \;\square\; 4 \;\square\; 21 = 231$

e) $57 \;\square\; 38 \;\square\; 51 \;\square\; 2 = 121$

f) $99 \;\square\; 3 \;\square\; 77 \;\square\; 0 = 297$

g) $(4 \;\square\; 6) \;\square\; (7 \;\square\; 2) = 50$

h) $400 \;\square\; (11 \;\square\; 5 \;\square\; 63) = 282$

KlaPS-Regel
1. **Kla**mmern
2. **P**unktrechnung
3. **S**trichrechnung

10 Überprüfe zuerst, ob richtig (r) und vorteilhaft (v) gerechnet wurde. Kreuze Zutreffendes an.
Unterstreiche danach, wenn möglich, die Fehler.

a) $45 + 75 + 48 + 7 + 23 + 12 = (45 + 75) + (48 + 12) + (23 + 7) = 110 + (60 + 30) = 200$ ☐ r ☐ v

b) $5 \cdot 70 \cdot 50 \cdot 7 \cdot 4 = 350 \cdot 50 \cdot 28 = 17\,500 \cdot 28 = 490\,000$ ☐ r ☐ v

c) $20 \cdot (4 + 56 - 25 : 5) = 20 \cdot (56 + 4) - 25 : 5 = 20 \cdot 60 - 25 : 5 = 20 \cdot 35 : 5 = 20 \cdot 7 = 140$ ☐ r ☐ v

Teilbarkeitsregeln

Beispiele:

- Endziffernregeln

Eine Zahl ist durch _____ teilbar, wenn sie auf 2, 4, 6, 8 oder 0 endet.　_____ | 278

Eine Zahl ist durch _____ teilbar, wenn sie auf 5 oder 0 endet.　_____ | 225

Eine Zahl ist durch _____ teilbar, wenn sie auf 0 endet.　_____ | 220

- Quersummenregeln

Eine Zahl ist durch _____ teilbar, wenn ihre Quersumme durch 3 teilbar ist.　_____ | 276, da _____ | _____ (2 + 7 + 6 = _____)

Eine Zahl ist durch _____ teilbar, wenn ihre Quersumme durch 9 teilbar ist.　_____ | 279, da _____ | _____ (2 + 7 + 9 = _____)

Eine Zahl ist durch _____ teilbar, wenn sie durch 2 und 3 teilbar ist.　_____ | 276, da 2 | 276 und 3 | 276

Auftrag: Ergänze die Regeln und die Beispiele.

Basisaufgaben

1 Kreuze Zutreffendes an.

	10	20	45	100	130	153	162	180	195	196	199	220	645	896
Zahlen, die durch 10 teilbar sind …														
Zahlen, die durch 5 teilbar sind …														
Zahlen, die durch 2 teilbar sind …														

2 Berechne die Quersummen und kreuze Zutreffendes an.

Hinweis: Die Quersumme einer Zahl ist die Summe aller Ziffern dieser Zahl.

	9	27	72	369	963	693	702	183	178	580	110	890	786	942
Quersumme	9	9												
Zahlen, die durch 3 teilbar sind …														
Zahlen, die durch 6 teilbar sind …														
Zahlen, die durch 9 teilbar sind …														

3 Berechne, wenn nötig, die Quersummen und kreuze Zutreffendes an.

	72	105	288	45	320	457	5616	9632	6666	4852	2160
2 ist Teiler von …											
3 ist Teiler von …											
5 ist Teiler von …											
6 ist Teiler von …											
9 ist Teiler von …											
10 ist Teiler von …											

4 Ordne die Zahlen, wenn möglich, den Mengen zu.
Gemeinsame Mengen sind weiß.
Keine gemeinsamen Mengen sind blau.
15; 16; 24; 31; 36; 42; 50; 54; 75; 120

Zusatzaufgabe: Gibt es Zahlen, die in die leer bleibenden Bereiche passen? Begründe deine Meinung.

Wenn a | b
und   a | c,
dann   a | (b + c)
und   a | (b · c).

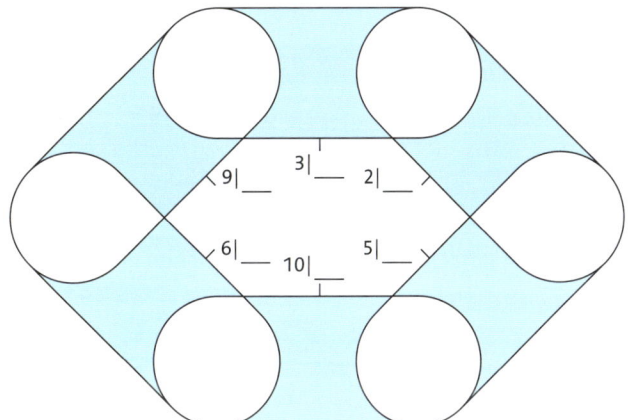

5 Gib alle Ziffern an, die für das Sternchen eingesetzt werden können.

a) 2 | 1458* _____

b) 3 | 4553* _____

c) 5 | 30523* _____

d) 6 | 12*02 _____

e) 9 | 172*0 _____

f) 10 | 812*0 _____

Weiterführende Aufgaben

6 Schreibe in die Kreise die vorgegebenen Teiler der Zahlen.
Hinweis: Da 4 ein Teiler von 12 und 20 ist,
gehört 4 in einen Kreis an beiden Sternen.

1   2   3   4   5

6   10   12   15   20

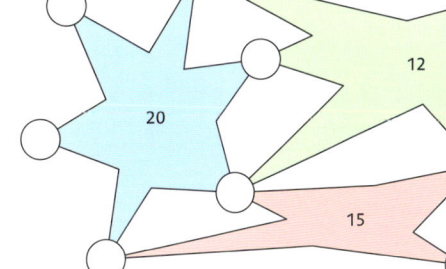

7 Anna, Ben, Charlotte, Dunja, Ezra und Firouz machen ein Zeitexperiment auf dem Sportplatz. Anna braucht 1 Minute,
um ein Mal die Bahn um den Sportplatz zu laufen. Ben braucht 2 Minuten, Charlotte 3 Minuten, Dunja 4 Minuten,
Ezra 5 Minuten und Firouz 6 Minuten. Alle starten gleichzeitig an der gleichen Stelle auf der Bahn.

a) Gib an, nach wie vielen Minuten sich die entsprechenden Personen wieder am Start treffen.

Anna und Ben treffen sich nach _____ Minuten wieder am Start.

Ben und Charlotte treffen sich nach _____ Minuten wieder am Start.

Dunja und Firouz treffen sich nach _____ Minuten wieder am Start.

Charlotte und Ezra treffen sich nach _____ Minuten wieder am Start.

b) Gib an wer sich nach der entsprechenden Zeit wieder am Start trifft.

Nach 20 Minuten treffen sich _____ wieder am Start.

Nach 33 Minuten treffen sich _____ wieder am Start.

Nach 35 Minuten treffen sich _____ wieder am Start.

Nach 42 Minuten treffen sich _____ wieder am Start.

c) Gib an, nach wie vielen Minuten sich alle Kinder wieder am Start treffen.

_____

Teste dich

1 Berechne im Kopf.

a) 507 + 41 = _____

b) 827 + 19 = _____

c) 823 − 80 = _____

d) 756 − 80 = _____

e) 60 · 11 = _____

f) 2 · 150 = _____

g) 660 : 11 = _____

h) 450 : 90 = _____

2 Setze passende Zahlen und Rechenzeichen ein.

a) 77 − ☐ = 55

b) 172 + ☐ = 190

c) 100 ☐ 63 ☐ 3 = 40

d) 105 : ☐ = 21

e) 13 · ☐ = 39

f) 12 ☐ 8 ☐ 20 = 0

g) (17 ☐ 8) ☐ 4 = 36

h) 45 ☐ 9 ☐ 5 = 10

3 Berechne vorteilhaft. Beachte Rechenregeln und Rechengesetze.

a) 31 + 879 + 12 + 69 − 12 = _____

b) 2 · 23 + 25 − 10 : 2 = _____

c) (2 · 17 − 14) · (36 − 4 : 2) = _____

d) 100 : (88 − 11 · 7 + 14) = _____

4 Schreibe zuerst das Ergebnis des Überschlags auf. Rechne danach schriftlich.

a) Ü: _____

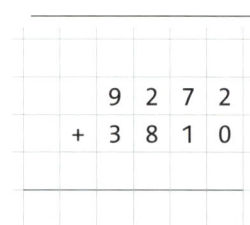

```
      9 2 7 2
  + 3 8 1 0
```

b) Ü: _____

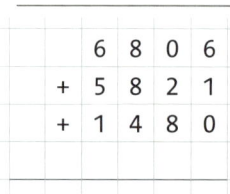

```
    6 8 0 6
  + 5 8 2 1
  + 1 4 8 0
```

c) Ü: _____

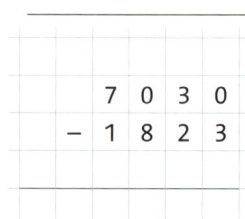

```
    7 0 3 0
  − 1 8 2 3
```

d) Ü: _____

```
    8 6 4 5
  −     3 2 2
  − 1 9 5 7
```

5 Ein Wald hat eine Fläche von 53 250 km². Ein Wolfsrudel lebt in einem Revier, welches eine Größe von rund 150 km² hat.

a) Berechne, wie viele Wolfsrudel im Wald leben können.

_____

b) Jedes Wolfrudel besteht aus einem Elternpaar und Jungtieren. Berechne die Anzahl der Wölfe im Wald, wenn jedes Elternpaar 4 Jungtiere hat.

_____

c) Beobachtungen haben ergeben, dass im Wald etwa 630 Wölfe leben. Berechne, wie viel Fläche die Wölfe benötigen, wenn jedes Rudel aus 6 Tieren besteht.

_____

Wo stehe ich?

☺ Die Aufgabe kann ich sicher lösen.

😐 Die Aufgabe kann ich mit Nachschauen lösen.

☹ Ich kann die Aufgabe nicht lösen. Hier brauche ich Hilfe.

Ich kann ...	☺	😐	☹	Hier kannst du üben.
• im Kopf rechnen. (Aufgabe 1)				S. 18, 19, 20, 21, 26, 27
• die Fachbegriffe der Addition, Subtraktion, Multiplikation und Division verwenden, Zahlen geschickt addieren, subtrahieren, multiplizieren und dividieren, die Umkehrung anwenden und mit 0 rechnen. (Aufgaben 1 und 2)				S. 18–27
• Überschlagsrechnungen durchführen. (Aufgabe 4)				S. 22–25
• schriftlich rechnen. (Aufgabe 4 und 5)				S. 22–25
• das Kommutativgesetz, Assoziativgesetz und Distributivgesetz zur Vereinfachung von Rechnungen verwenden. (Aufgabe 3)				S. 26, 27
• Vorrang- und Klammerregeln beim Rechnen mit allen Grundrechenarten anwenden. (Aufgabe 3)				S. 26, 27
• beurteilen, ob eine Zahl durch 2, 3, 5, 6, 9 oder 10 teilbar ist. (Aufgabe 2)				S. 28, 29
• Informationen in Texten erkennen und Sachaufgaben lösen. (Aufgabe 5)				S. 19, 21, 23, 25, 29

Geraden   Parallelogramm

Senkrecht und parallel zueinander

Beispiele:

- Die Strecke $\overline{AB}$ ist die kürzeste geradlinige Verbindung zwischen zwei Punkten A und B. _____

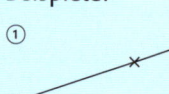

- Ein Strahl s hat immer einen Anfangspunkt, aber keinen Endpunkt. _____

- Eine Gerade g hat weder einen Anfangs- noch Endpunkt. _____

- Zwei Geraden k und i verlaufen senkrecht zueinander, wenn sie in ihrem Schnittpunkt _____ einen rechten Winkel bilden.

- Zwei Geraden h und k verlaufen parallel zueinander, wenn sie an allen Stellen den _____ gleichen Abstand haben, sich die Geraden also nicht schneiden.

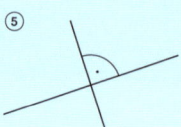

Auftrag: Schreibe hinter jede Aussage eine passende Nummer. Beschrifte die Bilder, wenn nötig.

Basisaufgaben

× E

1 Verwende die gegebenen Punkte.

B ×

a) Zeichne die Geraden, Strahlen und Strecken.

× D

Gerade durch A und B	Strecke $\overline{DE}$
Gerade durch D und F	Strecke $\overline{EG}$
Strahl von D durch C	Strecke $\overline{CF}$

b) Beantworte die Fragen und trage den Buchstaben in das zur Frage gehörende Kästchen ein. Bilde aus ihnen das Lösungswort.

C ×   × F   × G

A ×

1. Liegt B auf der Geraden durch A und B? ja: M nein: V
2. Liegt D auf der Strecke $\overline{CE}$? ja: E nein: I
3. Liegt E auf der Strecke $\overline{CD}$? ja: E nein: N
4. Liegt C auf dem Strahl von E durch D? ja: B nein: R
5. Liegt A auf der Geraden durch C und F? ja: E nein: L
6. Liegt G auf der Geraden durch C und F? ja: U nein: C

1	2	3
4	5	6

Lösungswort: _____

2 Arbeite mit dem Geodreieck.

a) Nenne zueinander senkrechte Geraden, Strahlen und Strecken.

_____

b) Nenne zueinander parallele Geraden bzw. Strecken.

_____

c) Gib in der Zeichnung die Abstände der zueinander parallelen Geraden an.

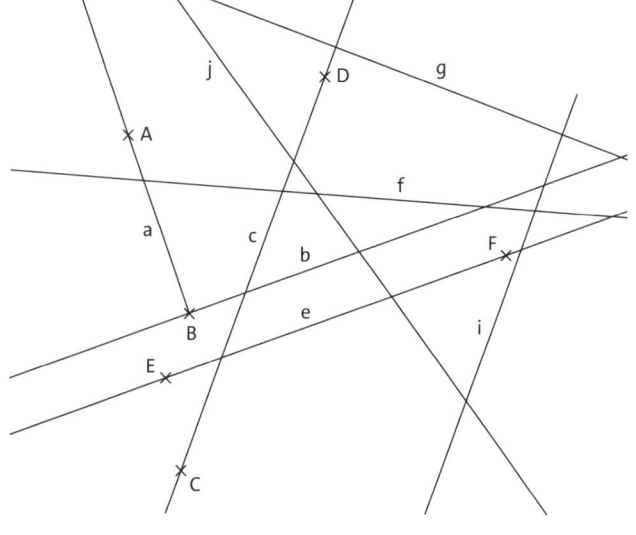

3 Setze zuerst durch Zeichnen von Senkrechten und Parallelen das Muster bis zum Rand fort.
Zusatzaufgabe: Zeichne danach nur alle zueinander parallelen Linien mit je einer Farbe nach.
Male die entstandenen Bandornamente farbig aus.

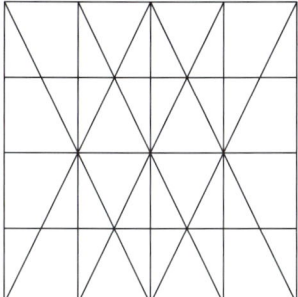

4 Zeichne zu jeder Gerade eine ...

a) Parallele, die durch den Punkt A verläuft.

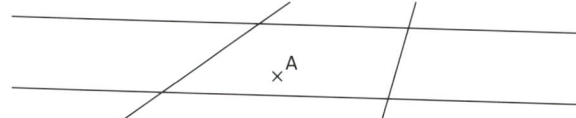

b) Senkrechte, die durch den Punkt A verläuft.

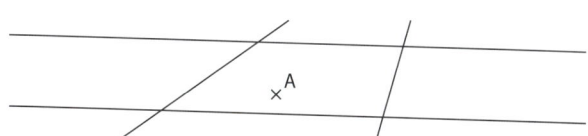

c) Gib in der Zeichnung bei a die Abstände von mindestens drei zueinander parallelen Geraden an.

Weiterführende Aufgaben

5 Markiere zueinander parallele Seiten in der gleichen Farbe. Markiere zueinander senkrechte
Seiten mithilfe des rechten Winkels.

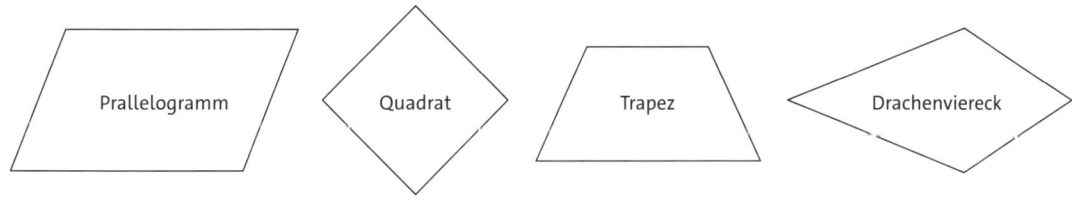

Prallelogramm   Quadrat   Trapez   Drachenviereck

6 Kreuze zutreffende Aussagen an.

	wahr	falsch
a) Ben sagt: „Ich habe eine 78 mm lange Strecke gezeichnet."	☐	☐
b) Mia sagt: „Ich habe einen 7,5 cm langen Strahl gezeichnet."	☐	☐
c) Leon sagt: „Ich habe eine 1,25 dm lange Gerade gezeichnet."	☐	☐
d) Kim sagt: „Ich habe zwei parallele Geraden gezeichnet. Sie haben einen Abstand von 6,2 cm."	☐	☐
e) Antoine sagt: „Ich habe zwei senkrechte Geraden gezeichnet. Sie haben einen Abstand von 3,3 cm."	☐	☐

7 Betrachte das Foto. Nenne parallele und senkrechte Elemente der Abbildung.

_____

_____

_____

_____

_____

Koordinaten

ablesen

eintragen

- Ein Koordinatensystem hat zwei Strahlen, die senkrecht aufeinander stehen. Sie heißen x-Achse und y-Achse und beginnen im Ursprung.
- Die Achsen haben eine gleichmäßige Einteilung.
- Jeder Punkt P kann mit seinen Koordinaten P(x | y) angegeben werden.
- Die Koordinaten P(5|1) bedeuten, dass du vom Ursprung aus 5 Schritte nach rechts und 1 Schritt nach oben gehen musst.

Beispiel:

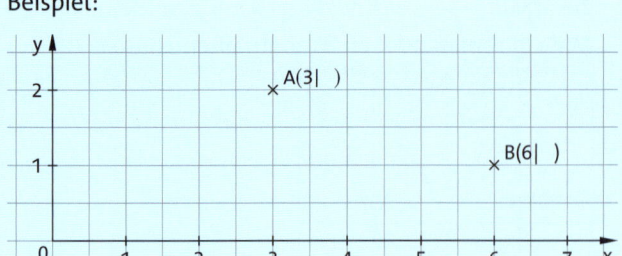

Auftrag: Ergänze die Koordinaten der Punkte A und B.

Basisaufgaben

1 Vervollständige die Angaben zu den im Koordinatensystem eingezeichneten Punkten.

A(1| ___)   B(5| ___)

C(6| ___)   D(2| ___)

E(___ | ___)   F(___ | ___)

G(___ | ___)   H(___ | ___)

I(___ | ___)   ___ (0|2)

L(___ | ___)   ___ (0|5)

N(___ | ___)   ___ (3|4)

P(___ | ___)   ___ (5|0)

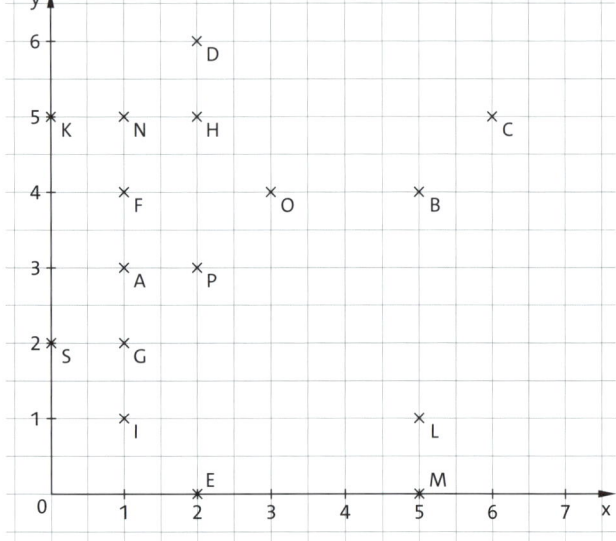

2 Zeichne die Punkte in das Koordinatensystem ein.
Hinweis: Beschrifte vorher die Achsen sinnvoll.

A(2|3)   B(6|1)
C(10|3)   D(12|7)
E(10|11)   F(2|11)
G(0|7)   H(4|7)
I(6|5)   K(6|9)
L(8|7)   M(6|3)
Zusatzaufgabe: Was fällt dir auf?

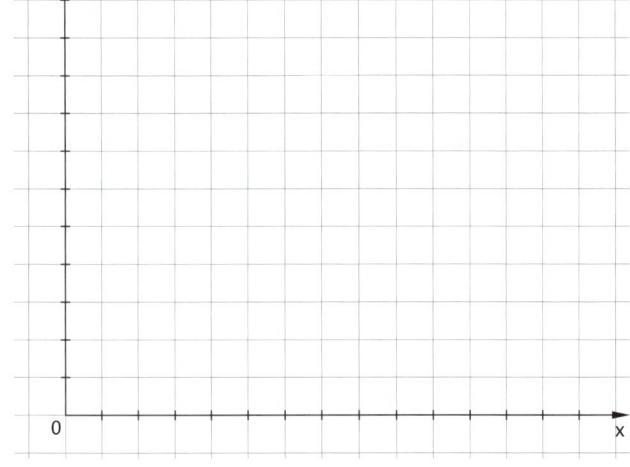

3 Die Punkte P(2|1) und Q(5|3) sollen in einem Koordinatensystem liegen.
Zeichne die Koordinatenachsen und beschrifte diese.

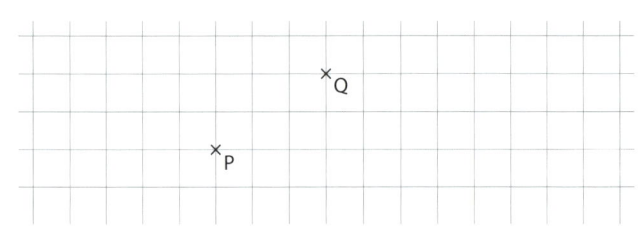

4 Ergänze zu gleichartigen größeren Häusern und gib die
Koordinaten der Punkte an.

A(____|____)   B(____|____)

C(____|____)   D(____|____)

E(____|____)

F(____|____)   G(____|____)

H(____|____)   I(____|____)

J(____|____)

K(____|____)   L(____|____)

M(____|____)   N(____|____)

O(____|____)

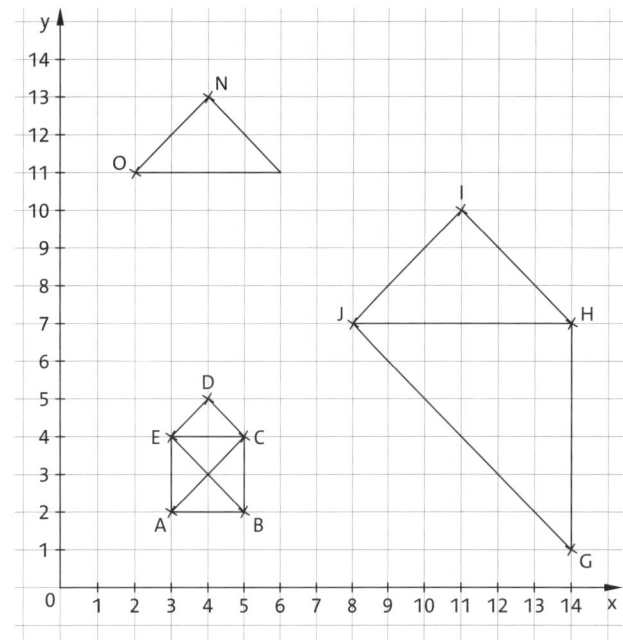

Weiterführende Aufgaben

5 Koordinatensystem

a) Trage die Punkte ins Koordinatensystem ein.
Verbinde die Punkte in alphabetischer Reihenfolge
und den Punkt M mit dem Punkt A.

A(2|2)   H(7|8)   L(3|5)
E(10|7)   J(6|7)   G(9|8)
F(8|7)   C(12|5)   M(1|5)
B(11|2)   K(3|7)   D(10|5)

b) Nenne Strecken, die parallel zur x-Achse verlaufen.

_____

c) Nenne Strecken, die parallel zur y-Achse verlaufen.

_____

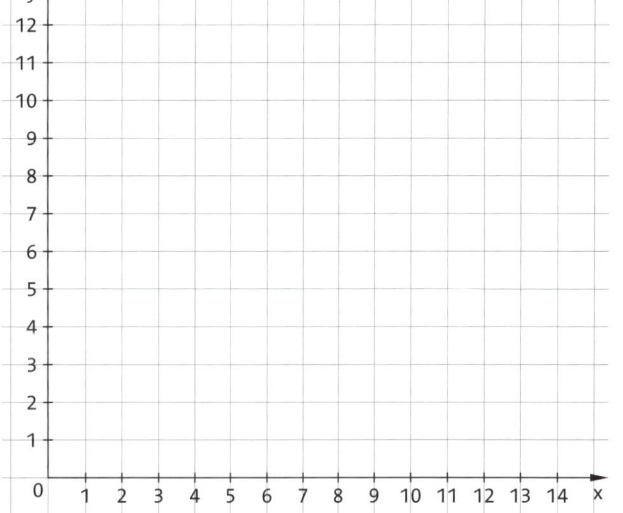

6 Jari hat eine Zeitkapsel gebastelt. Er versteckt sie im
Garten und schreibt sich selbst eine Karte mithilfe eines
Koordinatensystems, um sie in ein paar Jahren wiederzu-
finden. Dabei beschreiben die x- und y-Koordinate die
Anzahl von Schritten.
*Starte in P. Gehe von dort aus 4 Schritte nach Norden. Wende
dich nach Osten und gehe 10 Schritte. Gehe 3 Schritte nach
Süden und anschließend 5 Schritte nach Westen. Gehe von
dort aus 7 Schritte nach Norden. Dort liegt die Zeitkapsel.*

Beschrifte im Koordinatensystem die Koordinaten des
Startpunktes, der Zeitkapsel und alle Punkte, an denen
Jari die Richtung gewechselt hat. Beschrifte sie mit A, B, C
und D.

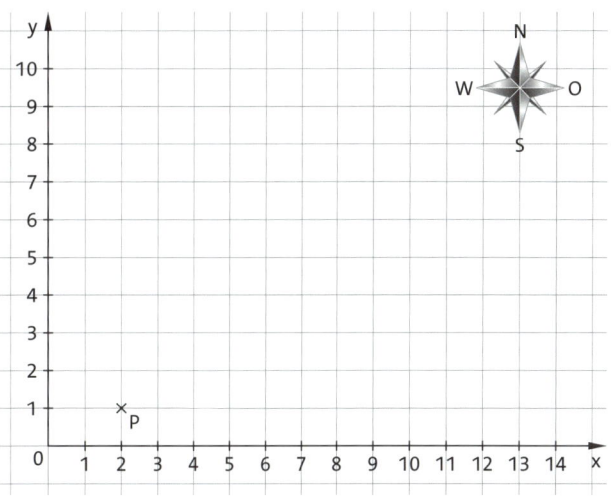

 Symmetrie   spiegeln

Achsensymmetrie

- Eine Figur, die man entlang einer Geraden so falten kann, dass die beiden Teile deckungsgleich sind, nennt man achsensymmetrisch.
- Die Gerade heißt Symmetrieachse.
- Bei einer Achsenspiegelung wird jeder Punkt so an einer Geraden (Spiegelachse) gespiegelt, dass sein Bildpunkt denselben Abstand zur Spiegelachse hat.
- Punkt und Bildpunkt liegen auf einer Geraden, die senkrecht zu Spiegelachse steht.

Beispiele:

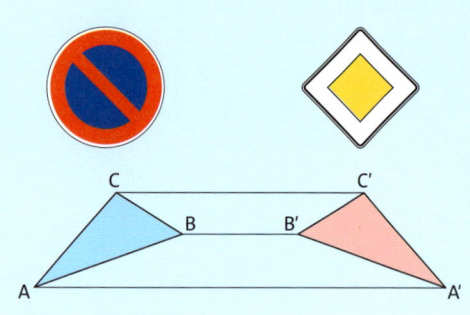

Auftrag: Zeichne in den Beispielen alle Symmetrieachsen ein. Zeichne im dritten Bild auch die Spiegelachsen ein.

Basisaufgaben

1 Zeichne in die Figuren alle Symmetrieachsen ein. Markiere gegebenenfalls unsymmetrische Stellen.

Zusatzaufgabe: Unter bestimmten Bedingungen ist eine der Figuren doch achsensymmetrisch. Begründe.

2 Spiegle die Figur an der Geraden g.

Hinweis zum Eulenkasten: Zum Originalpunkt A gehört der Bildpunkt A'.

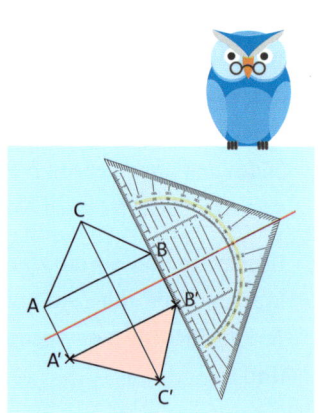

3 Spiegle die Figur an der roten Geraden.

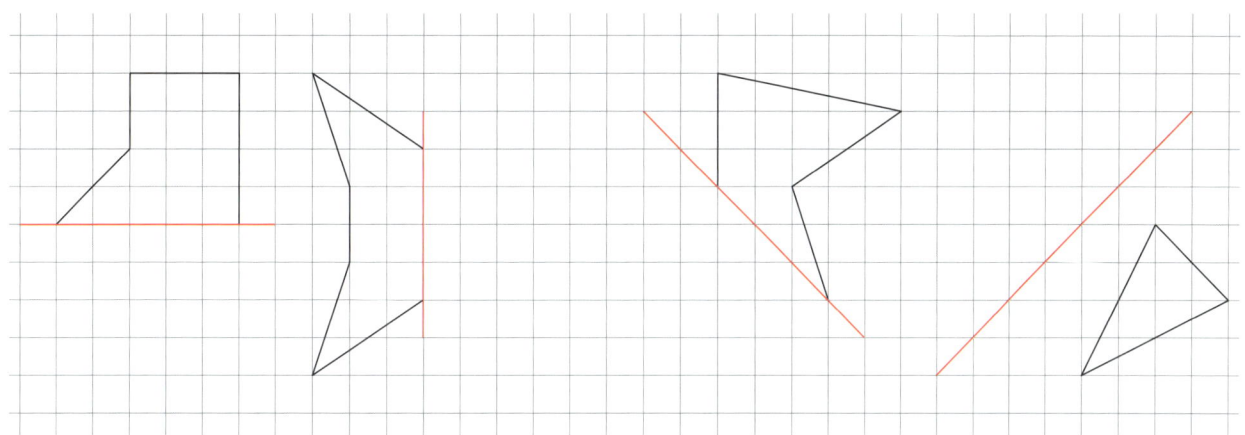

4 Spiegle das Dreieck ABC zuerst an der Geraden g. Es entsteht das Dreieck A'B'C'.
Spiegle das Dreieck ABC danach an der Geraden h. Es entsteht das Dreieck A''B''C''.

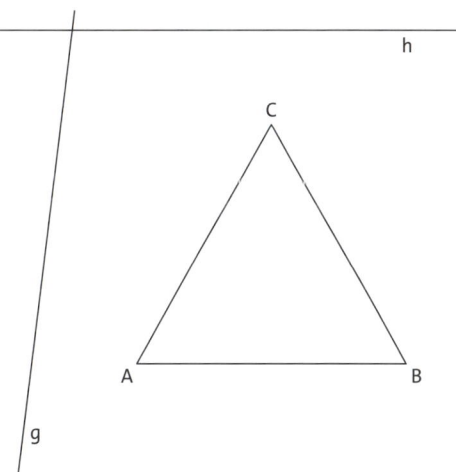

Weiterführende Aufgaben

5 Zeichne weitere Karos oder Teile von Karos ein, sodass eine achsensymmetrische Figur entsteht, die nur eine einzige Symmetrieachse hat. Zeichne die Symmetrieachse ein.

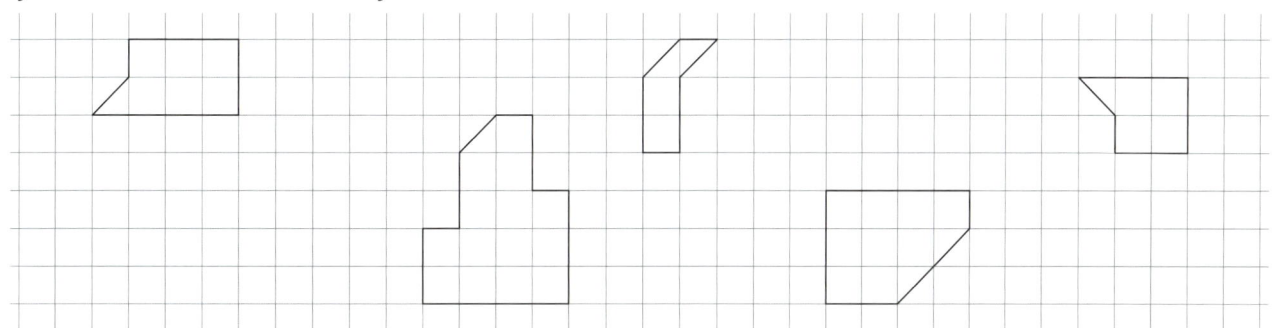

Punktsymmetrie

- Eine Figur, die nach einer halben Drehung um einen Punkt Z genauso aussieht wie die Ausgangsfigur, heißt punktsymmetrisch. Der Punkt Z heißt Symmetriezentrum.
- Bei einer Punktspiegelung wird jeder Punkt so an einem Punkt (Spiegelpunkt) gespiegelt, dass sein Bildpunkt auf der Geraden liegt, die durch den Punkt und den Spiegelpunkt verläuft. Punkt und Bildpunkt haben denselben Abstand vom Spiegelpunkt.

Beispiele:

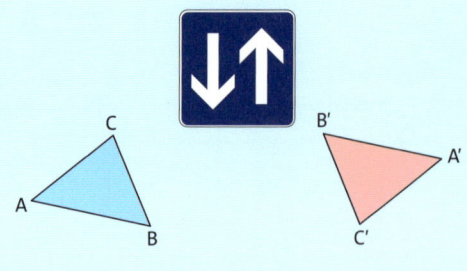

Auftrag: Zeichne in den Beispielen das Symmetriezentrum und den Spiegelpunkt ein.

Basisaufgaben

1 Kreuze alle punktsymmetrischen Karten an.

2 Ergänze zu punktsymmetrischen Figuren.

3 Das Viereck ABCD und das Fünfeck EFGHI sollen am Punkt Z gespiegelt werden. Zeichne beide Spiegelpunkte Z ein und vervollständige die Punktspiegelungen.

a)   b)

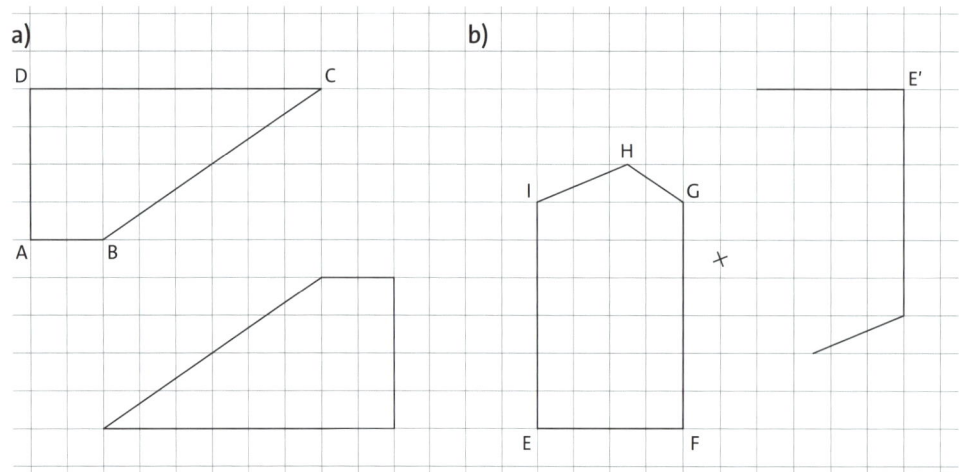

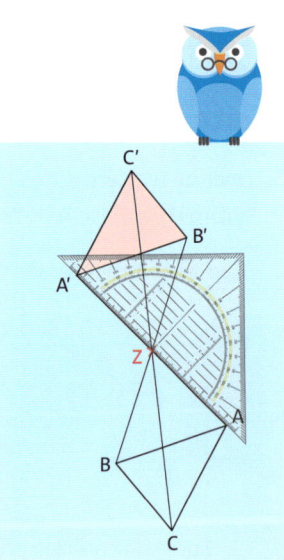

4 Spiegle das Dreieck am Punkt Z.

a)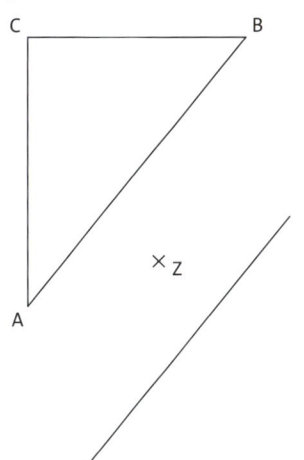

b)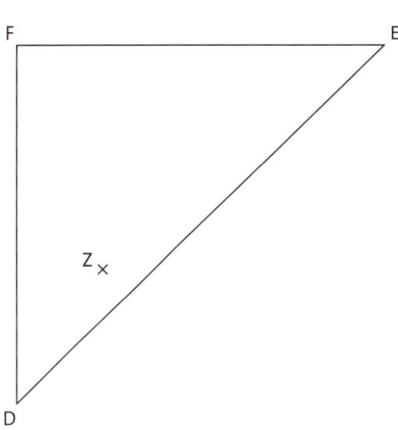

c)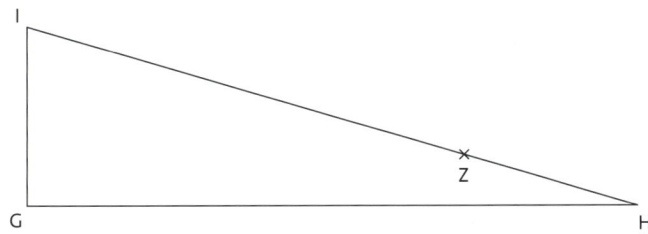

Weiterführende Aufgaben

5 Flächen

a) Kreuze die zutreffenden Eigenschaften in der Tabelle an.
   Hinweis: Zeichne die Symmetriezentren und die Spiegelachsen ein.

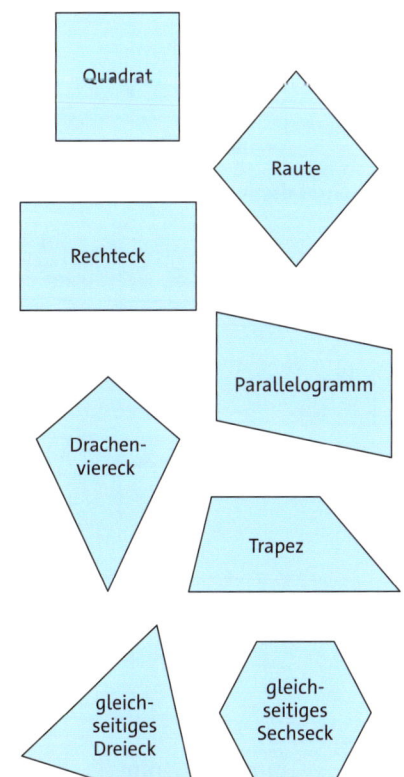

	punktsymmetrische Figur	achsensymmetrische Figur
Quadrat		
Raute		
Rechteck		
Parallelogramm		
Drachenviereck		
Trapez		
gleichseitiges Dreieck		
gleichseitiges Sechseck		

b) Nenne die abgebildeten Figuren, die mehr als zwei Symmetrieachsen haben.

_____

_____

Zusatzaufgabe: Begründe, warum es keine Fläche mit mehreren Symmetriezentren gibt.

erkennen   zeichnen

Körpernetze

Die meisten Körper kann man an den Kanten so aufschneiden und aufklappen, dass eine ebene Figur entsteht.
Diese Figur nennt man das Netz des Körpers.

Beispiele: Netze eines _____   Netze eines _____

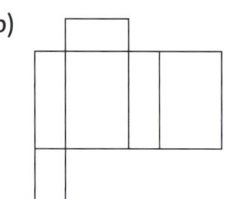
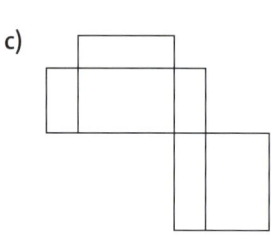
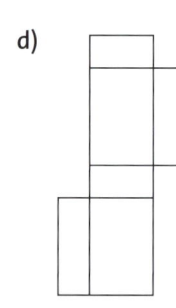

Auftrag: Ergänze zwei unterschiedliche Bezeichnungen von Grundkörpern.

Basisaufgaben

1 Färbe in den Körpernetzen die Seitenflächen gleichfarbig ein, die am Körper einander gegenüberliegen.
Zusatzaufgabe: Zeichne die Körpernetze mit 4-facher Länge auf kariertes Papier.
Bastle daraus Körper.

a)   b)   c)   d)

e)   f)   g)   h)

2 Zeichne die fehlenden Linien ein. Gib die Kantenlängen (Länge, Breite und Höhe) des zugehörigen Quaders an.

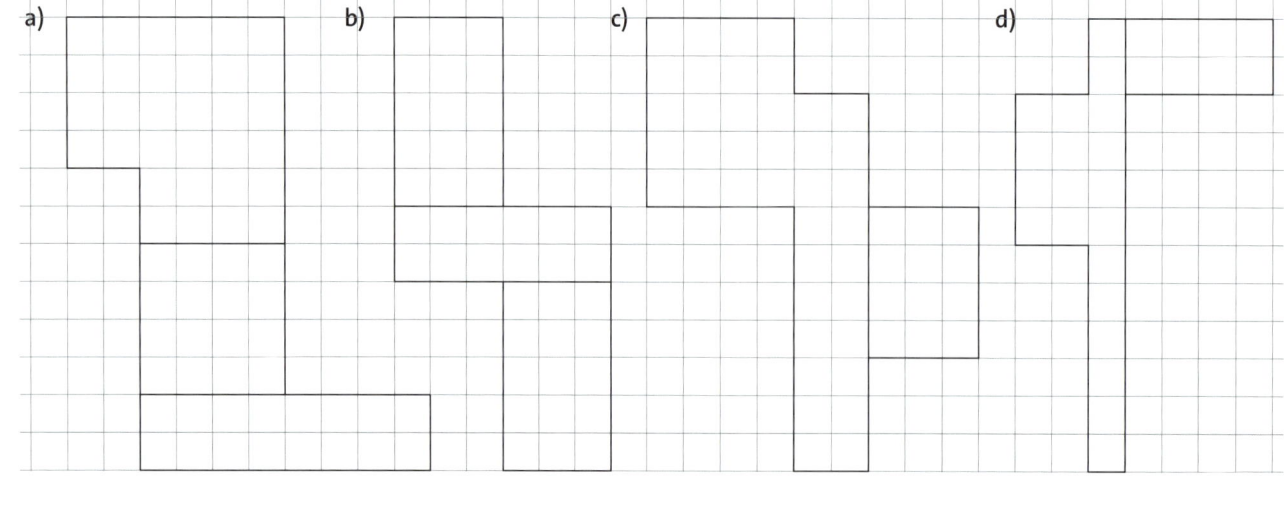

a)   b)   c)   d)

____ mm   ____ mm   ____ mm   ____ mm   ____ mm   ____ mm   ____ mm   ____ mm

____ mm   ____ mm   ____ mm   ____ mm

3 In der Abbildung sind Quadernetze versteckt.
Färbe mindestens drei ein.
Zusatzaufgabe: Finde alle Körpernetze.

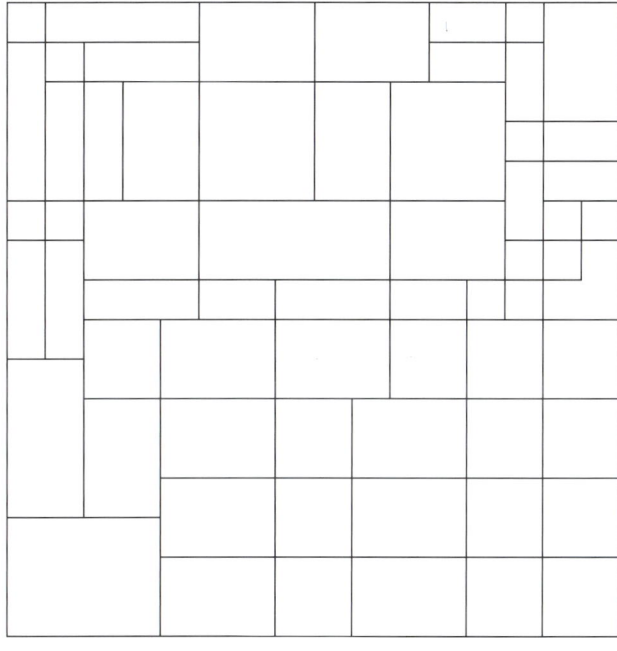

Weiterführende Aufgaben

4 Bei Spielwürfeln ist die Summe von zwei gegenüberliegenden Zahlen stets 7.

  a) Gib die gegenüberliegende Zahl an.

    Gegenüber der 6 liegt die _____   Gegenüber der 5 liegt die _____

    Gegenüber der 4 liegt die _____   Gegenüber der 3 liegt die _____

    Gegenüber der 2 liegt die _____   Gegenüber der 1 liegt die _____

  b) Begründe, warum nur vier der abgebildeten Würfelnetze zu Spielwürfeln gehören.
    Zeichne bei den Spielwürfeln die fehlenden Augenzahlen ein.

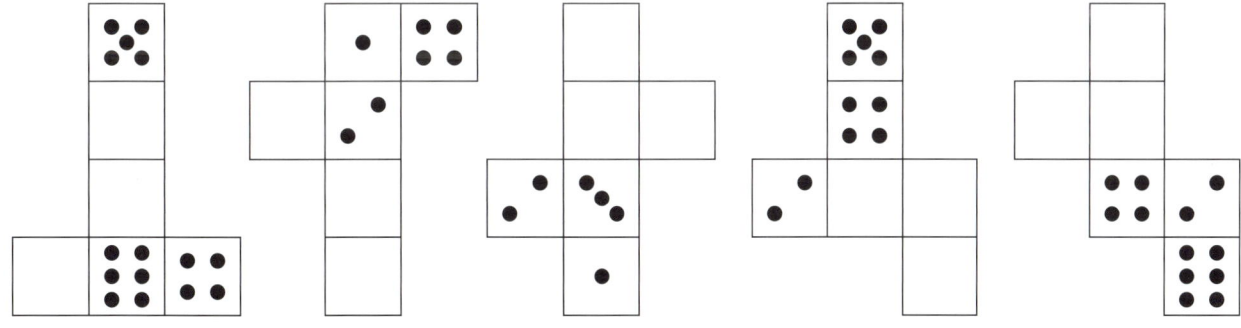

  c) Kreuze die Netze an, die zum abgebildeten Würfel gehören können.

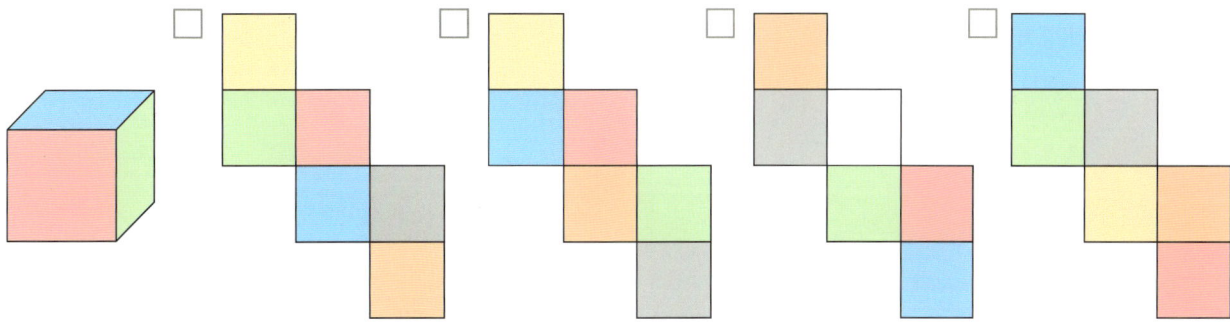

Schrägbild eines Quaders

1. Beim Schrägbild werden Breite und Höhe der Vorderfläche wirklichkeitsgetreu gezeichnet.

2. Linien in die Tiefe werden diagonal verkürzt gezeichnet. 1 cm entspricht einer Kästchendiagonalen.

3. Verbinde die übrigen Eckpunkte. Strichle verdeckte Kanten.

Beispiel: Stadien vom Schrägbild eines Quaders mit 15 mm langer, quadratischer Vorderseite und 10 mm Tiefe

Auftrag: Zeichne das zugehörige Stadium vom Schrägbild des Quaders.

Basisaufgaben

1 Die Schrägbilder gehören zu Quadern.

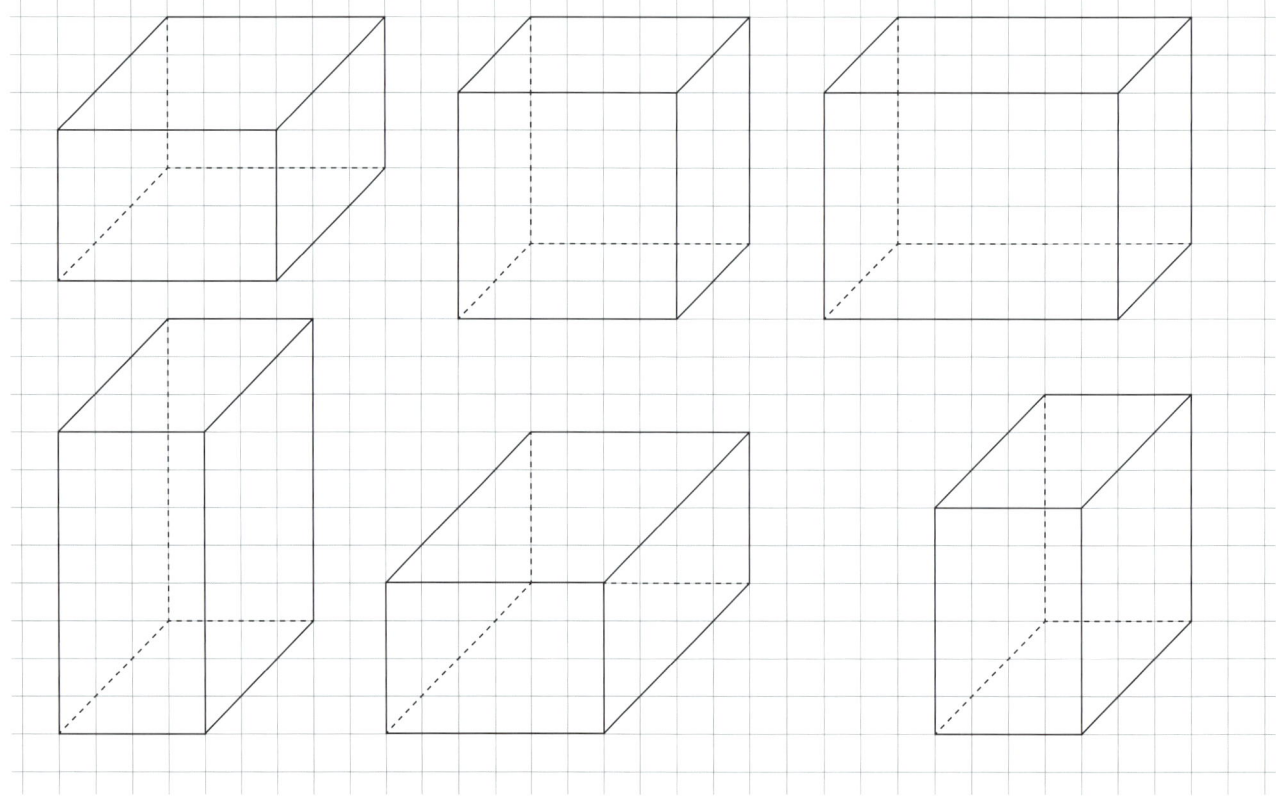

a) Gib in der Zeichnung die Länge, die Breite und die Höhe der Quader in Wirklichkeit an.

b) Beschrifte die Schrägbilder des gleichen Quaders mit der gleichen Nummer.

2 Vervollständige die angefangenen Schrägbilder von Quadern.

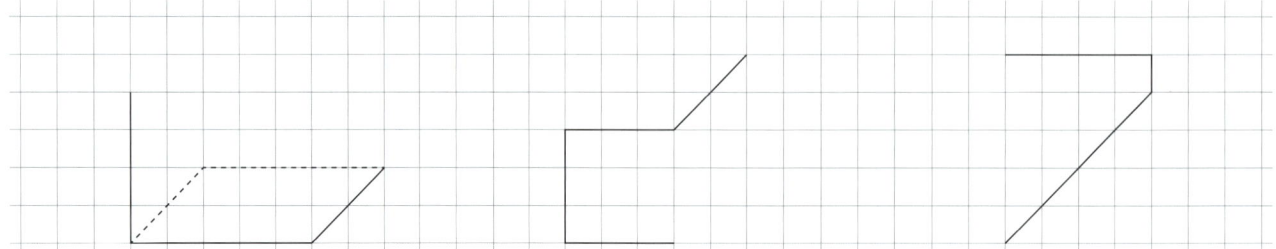

3 Ronja hat aus zehn Würfelzuckerstückchen einen Körper gebaut. Jeder Würfelzucker hat eine Kantenlänge von 1 cm.
Zeichne ein Schrägbild des gesamten Körpers.
Hinweis: Zeichne den Körper direkt von vorne.

Weiterführende Aufgaben

4 Übertrage die im Würfelnetz eingezeichneten „Wege" ins Schrägbild des Würfels.

a)

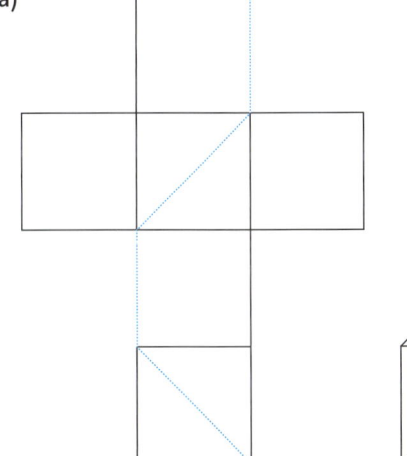

b)

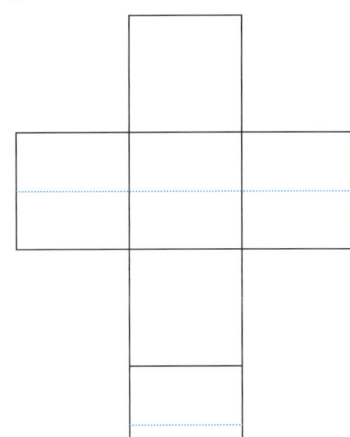

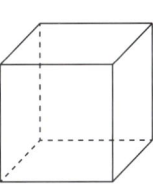

5 Ein Quader wurde zerschnitten.
a) Übertrage die Schnittlinie in das Netz des Quaders.
b) Ergänze die fehlende Markierung auf der Seitenfläche.
Zusatzaufgabe: Bastle den Quader mit Schnittlinie und Markierung.

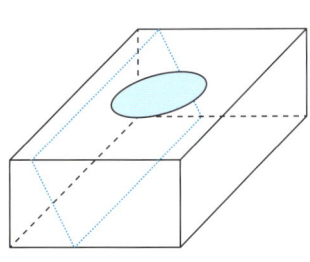

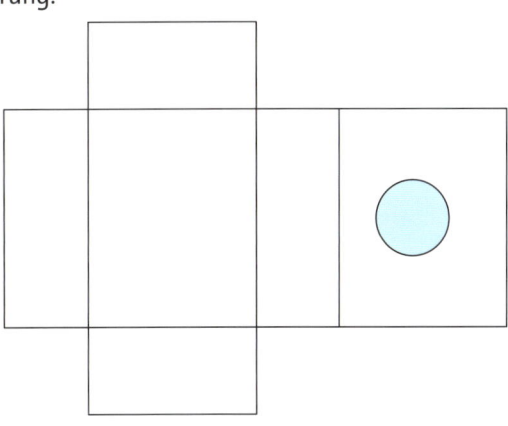

Teste dich

1 Rechteck und Quader

a) Zeichne ein Rechteck mit 2 cm und 3 cm Seitenlänge.
Ergänze das Rechteck zum Schrägbild eines
Quaders mit 3 cm Tiefe.

b) Gib die Anzahl beim Quader an.

Kanten: _____

Flächen: _____

Ecken: _____

c) Zeichne zwei Paare zueinander parallel verlaufender Strecken rot und
zwei Paare zueinander senkrecht verlaufender Strecken blau nach.

2 Kreuze die Würfelnetze an.

 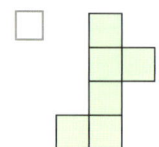 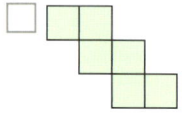 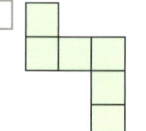 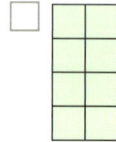 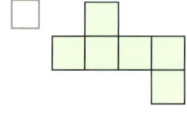

3 Zeichne die Punkte im Koordinatensystem ein und gib die fehlenden Koordinaten der Vierecke an.

a) Rechteck ABCD:

A(1|1)   B(4|1)   C(___|3)   D(___|___)

b) Drachenviereck EFGH:

E(6|1)   F(7|4)   G(___|5)   H(___|___)

c) Raute IJKL:

I(3|4)   J(5|5)   K(___|6)   L(___|___)

d) Gib, wenn möglich, die Koordinaten vom
Symmetriezentrum Z an.

Rechteck ABCD: _____

Drachenviereck EFGH: _____

Raute IJKL: _____

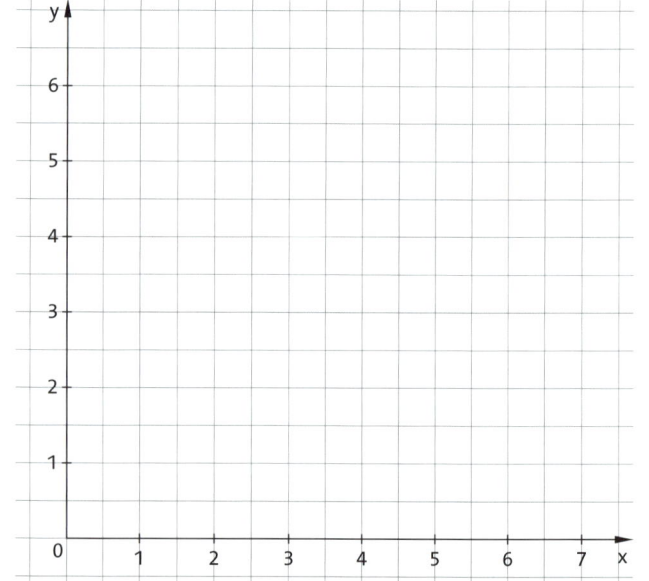

4 Spiegele die Figur an der Geraden g.

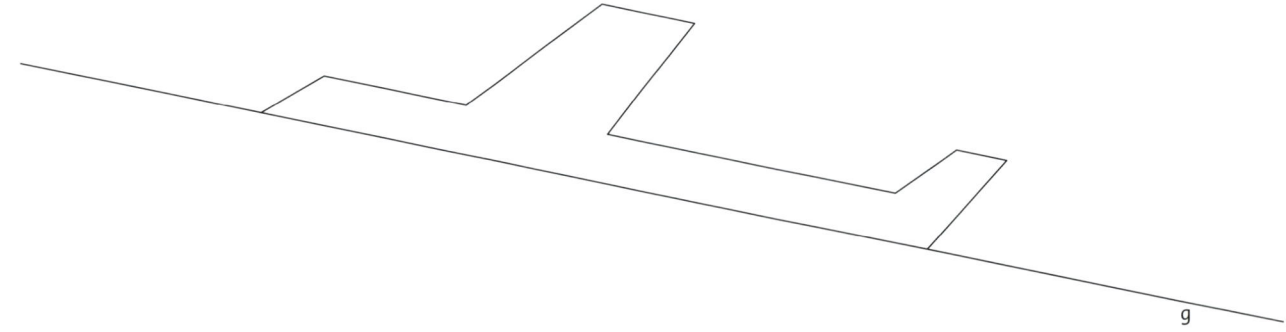

Wo stehe ich?

☺ Die Aufgabe kann ich sicher lösen.

☺ Die Aufgabe kann ich mit Nachschauen lösen.

☹ Ich kann die Aufgabe nicht lösen. Hier brauche ich Hilfe.

Ich kann ...	☺	☺	☹	Hier kannst du üben.
• senkrechte und parallele Geraden erkennen und zeichnen. (Aufgabe 1 c))				S. 32, 33, 35
• Koordinaten eines Punktes aus einem Koordinatensystem ablesen und Punkte mit gegebenen Koordinaten eintragen. (Aufgabe 3)				S. 34, 35
• Symmetrieachsen erkennen, einzeichnen und Achsenspiegelungen durchführen. (Aufgabe 4)				S. 36, 37
• Punktsymmetrie erkennen und Symmetriezentren angeben. (Aufgabe 3 d))				S. 38, 39
• die Eigenschaften besonderer Vierecke erkennen und Vierecke zeichnen. (Aufgabe 1 a))				S. 39
• Netze eines Körpers erkennen und zeichnen. (Aufgabe 2)				S. 40, 41
• Schrägbilder eines Quaders zeichnen. (Aufgabe 1 a))				S. 42, 43

auslegen   vergleichen

Flächen vergleichen

- Der Flächeninhalt A gibt an, wie groß die Fläche einer Figur ist oder welche Ausdehnung ein Gebiet in der Ebene hat.
- Die Gesamtlänge des Randes einer Figur bezeichnet man als Umfang u. Bei Figuren, die durch gerade Linien begrenzt sind, ist der Umfang gleich der Summe aller Seitenlängen der Figur.

Beispiele:

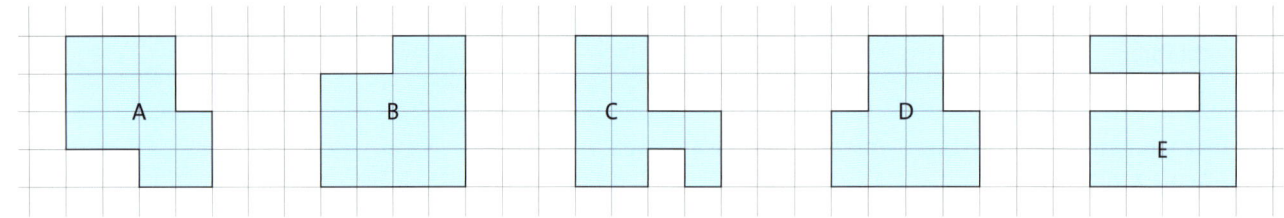

Figur ①: _____ Kästchen

Figur ②: _____ Kästchen

Figur _____ hat den größeren Flächeninhalt.

Auftrag: Vergleiche die Flächeninhalte der Figuren.

Basisaufgaben

1 Ordne die Figuren nach der Größe ihres Flächeninhalts. Beginne mit der kleinsten Figur.

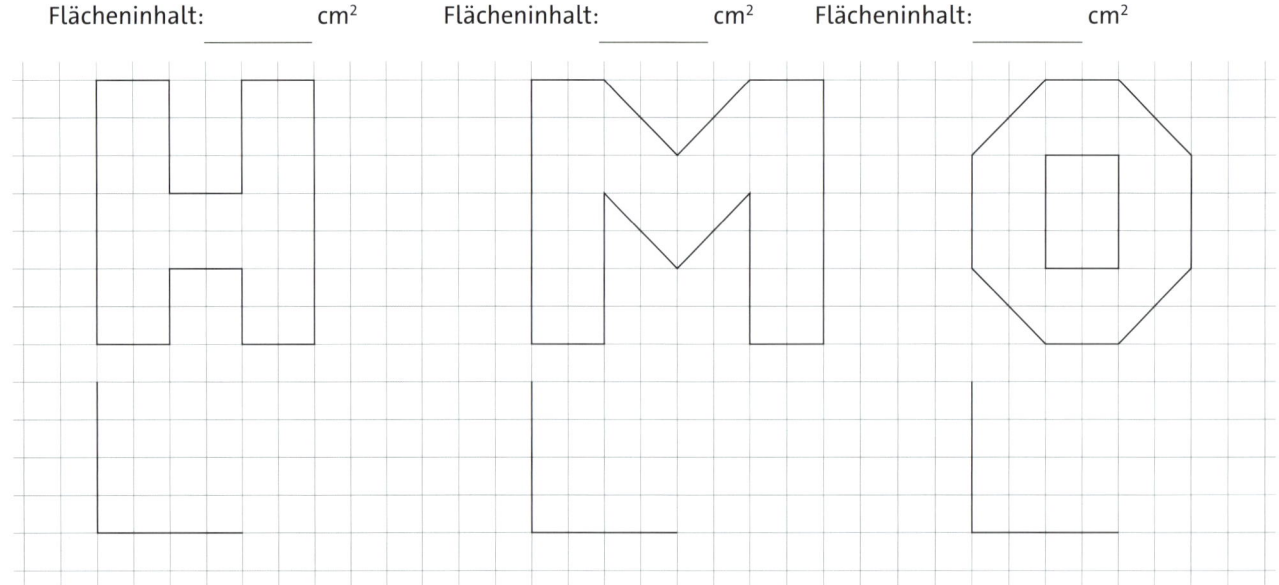

2 Gegeben sind drei vollständige und drei unvollständige Figuren.
   a) Gib den Flächeninhalt der drei vollständigen Figuren in cm² an.
   b) Vervollständige die begonnenen Figuren jeweils so, dass sie den gleichen Flächeninhalt wie die darüber liegende Figur haben.

Flächeninhalt: _____ cm²   Flächeninhalt: _____ cm²   Flächeninhalt: _____ cm²

Zusatzaufgabe: Zeichne weitere Buchstaben in dein Heft. Gib den Flächeninhalt in cm² an.

3 Zeichne zwei Rechtecke, deren Flächen genauso groß sind wie die Fläche links.

4 Nummeriere der Größe nach. Beginne bei der kleinsten Fläche mit 1.

a) Flächen im Alltag

| Schulhof | Tür | Fußboden der Turnhalle | ein kleines Fenster | Lehrertisch |

b) Geometrische Figuren

Hinweis: Zeichne als Hilfslinien Quadrate mit 1 cm Breite und 1 cm Länge ein.

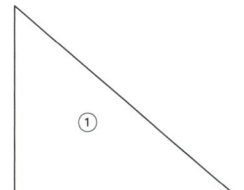 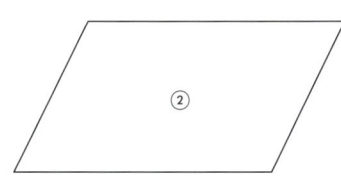 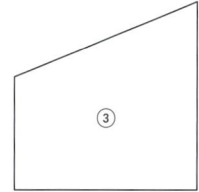 

c) Runde Figuren

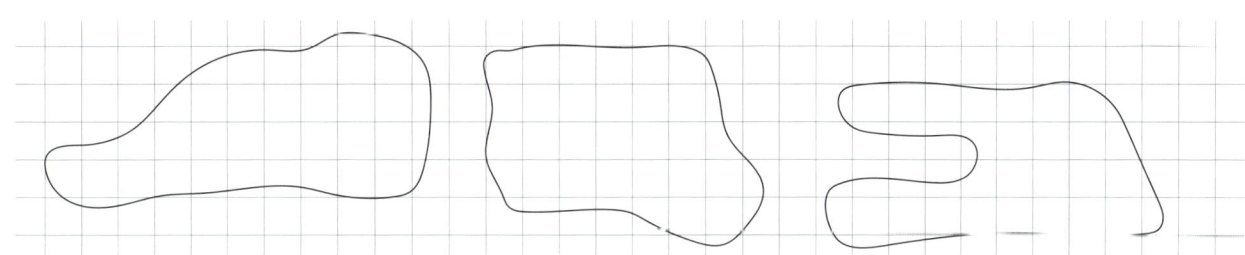

5 Ein Rechteck wird durch die Diagonalen in vier Dreiecke unterteilt.

a) Kreuze die Anzahl der davon gleich großen Dreiecke an.

☐ 4   ☐ 3   ☐ 2   ☐ 0

b) Begründe deine Entscheidung mithilfe weiterer Unterteilungen.
Hinweis: Zerlege das Rechteck in gleich große Dreiecke.

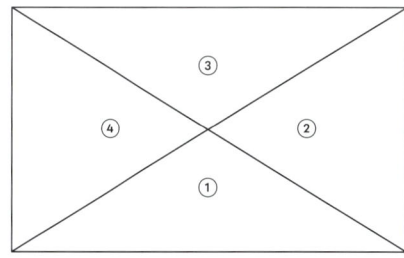

Weiterführende Aufgaben

6 Svenja und Leo haben neue Bodenbeläge in ihren Zimmern bekommen. Der Boden besteht jetzt aus einzelnen gleich-großen Korkplatten. An den Rändern wurden die Platten halbiert.
Gib an, wer das größere Zimmer hat. Begründe.

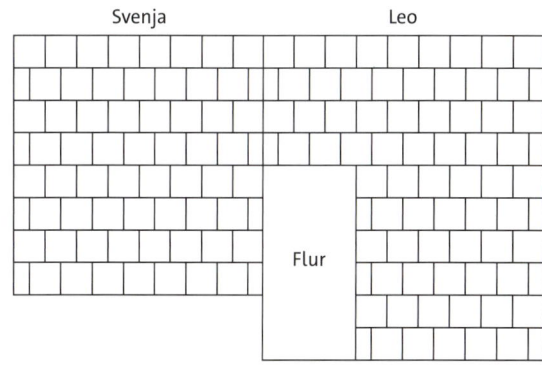

_____

_____

_____

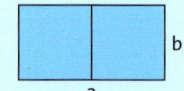

Flächeninhalt eines Rechtecks

Beispiele:

- Der Flächeninhalt A eines Rechtecks ist das Produkt aus Länge und Breite des Rechtecks. $A = a \cdot b$

A = _____ · _____ = _____

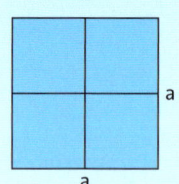

- Der Flächeninhalt eines Quadrats wird berechnet, indem man die Seitenlänge des Quadrats mit sich selbst multipliziert. $A = a \cdot a = a^2$

A = _____ · _____ = _____

Auftrag: Ermittle die Flächeninhalte.

Basisaufgaben

1 Ermittle die Flächeninhalte.

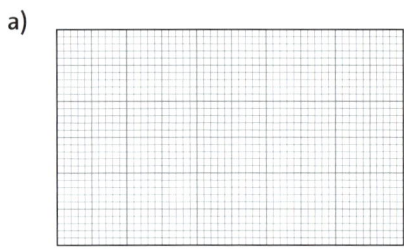
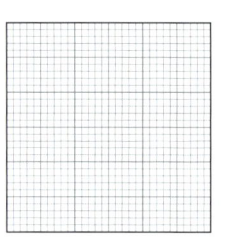
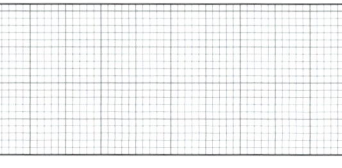

a) A = _____ · _____ = _____

b) A = _____ · _____ = _____

c) A = _____ · _____ = _____

2 Berechne.

a) Flächeninhalte von Rechtecken

	Rechteck ①	Rechteck ②	Rechteck ③	Rechteck ④	Rechteck ⑤	Rechteck ⑥
Länge	10 mm	4 cm	8 dm	7 m	2 km	15 cm
Breite	8 mm	6 cm	5 dm	3 m	9 km	11 cm
Flächeninhalt						

b) Flächeninhalte von Quadraten

	Quadrat ①	Quadrat ②	Quadrat ③	Quadrat ④	Quadrat ⑤	Quadrat ⑥
Länge	10 mm	4 cm	8 dm	7 m	50 km	11 cm
Flächeninhalt						

c) Flächeninhalte und Seitenlängen von Rechtecken und Quadraten
   Zusatzaufgabe: Unterstreiche die Flächen im Tabellenkopf, die keine Quadrate sind.

	Fläche ①	Fläche ②	Fläche ③	Fläche ④	Fläche ⑤	Fläche ⑥
Länge			9 dm	30 m	20 km	12 cm
Breite	11 mm	7 cm			20 km	5 cm
Flächeninhalt	770 mm²	56 cm²	81 dm²	900 m²		

3 Reihe die Dominosteine passend aneinander. Berechne den Flächeninhalt eines Rechtecks mit den Seitenlängen a und b und finde den passenden Stein. Am Schluss ergibt sich ein Lösungswort.
Hinweis: Beachte die Einheiten.

Start	V	$a = 5\,cm$ $b = 4\,cm$

$A = 8\,m^2$	L	$a = 9\,dm$ $b = 4\,dm$

$A = 70\,m^2$	E	$a = 8\,m$ $b = 1\,m$

$A = 20\,m^2$	Z	$a = b = 3\,m$

$A = 9\,m^2$	U	$a = 7\,m$ $b = 10\,m$

$A = 20\,cm^2$	E	$a = 3\,cm$ $b = 6\,cm$

$A = 36\,dm^2$	A	Ziel

$A = 18\,cm^2$	N	$a = b = 8\,cm$

$A = 64\,cm^2$	E	$a = 4\,m$ $b = 5\,m$

Lösungswort: _____

4 Kasha hat Leinwände in verschiedenen Größen bemalt.

a) Vervollständige die Tabelle mit den Werten zu allen Leinwänden.

Länge	Breite	Flächeninhalt
25 cm	18 cm	
20 cm	20 cm	
40 cm		$1000\,cm^2$
	30 cm	$1500\,cm^2$

b) Der Wandbereich an der die Leinwände aufgehängt werden sollen, ist 15 dm breit und 4 dm hoch. Berechne den Flächeninhalt des Wandbereichs. Gib den Flächeninhalt in cm² an.

_____

_____

c) Kasha hat 3 Leinwände von jeder Größe. Berechne den gesamten Flächeninhalt alle Leinwände.

_____

_____

Weiterführende Aufgaben

5 Die Autobahn A5 hat eine Gesamtlänge von 440 km und ist durchschnittlich rund 36 m breit. Berechne den gesamten Flächenverbrauch der A5.

Zusatzaufgabe. Gib durch Ausprobieren die Seitenlänge eines Quadrats an, das ungefähr den gleichen Flächeninhalt hat.

Flächeneinheiten

Einheiten	Umrechnung			
Quadratkilometer (km²)	1 km² = _____ ha	= 10 000 _____	= 1 000 000 _____	
Hektar (ha)	1 ha = _____ a	= 10 000 _____	= 1 000 000 _____	
Ar (a)	1 a = _____ m²	= 10 000 _____	= 1 000 000 _____	
Quadratmeter (m²)	1 m² = _____ dm²	= 10 000 _____	= 1 000 000 _____	
Quadratdezimeter (dm²)	1 dm² = _____ cm²	= 10 000 _____		
Quadratzentimeter (cm²)	1 cm² = _____ mm²			
Quadratmillimeter (mm²)				

1 cm² 1 cm

1 cm

Auftrag: Ergänze die Umrechnungen.

Basisaufgaben

1 Gib die Flächeninhalte der Figuren in Quadratmillimetern und in Quadratzentimetern an.
Hinweis: Jedes kleine Quadrat ist 1 mm² groß.

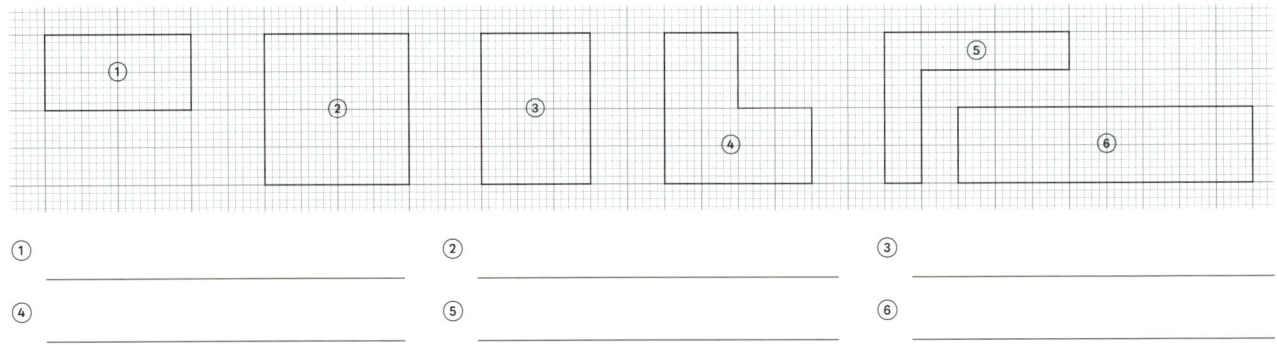

① _____ ② _____ ③ _____

④ _____ ⑤ _____ ⑥ _____

2 Ergänze jede Einheit genau einmal.

a) Tür: 2 _____ b) Wald: 5 _____ c) Wohnung: 1 _____

d) Europa: 10 180 000 _____ e) Buchseite: 5 _____ f) Fingernagel: 100 _____

3 Ergänze, wenn möglich, die passenden Größenangaben.
Zusatzaufgabe: Nummeriere die vorgegebenen Angaben der Größe nach. Beginne bei der kleinsten Fläche.

a)

nächstkleinere Einheit	Ausgangswert	nächstgrößere Einheit
	700 m²	
	8000 ha	
	700 a	
	40 000 km²	
	23 000 dm²	

b)

nächstkleinere Einheit	Ausgangswert	nächstgrößere Einheit
		900 m²
		800 cm²
	30 000 cm²	
2 000 000 a		
5 000 000 m²		

4 Ordne jeder Fläche eine Größenangabe zu. Verbinde mit einem Lineal.
Gib die Größenangabe in der angegebenen Einheit an.

| Fläche eines Tisches |

| Fläche des Bodensees |

| Fläche eine Parkplatzes |

| Fläche eines Fußabdrucks |

| Fußballfeld |

$2\,a =$ _____ m^2

$2\,m^2 =$ _____ dm^2

$500\,km^2 =$ _____ ha

$1\,ha =$ _____ a

$3\,dm^2 =$ _____ cm^2

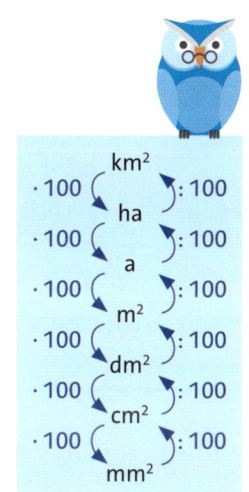

km^2
$\cdot 100 \quad : 100$
ha
$\cdot 100 \quad : 100$
a
$\cdot 100 \quad : 100$
m^2
$\cdot 100 \quad : 100$
dm^2
$\cdot 100 \quad : 100$
cm^2
$\cdot 100 \quad : 100$
mm^2

5 Wandle in die vorgegebene Einheit um.

a) $2\,400\,000\,mm^2 =$ _____ dm^2 b) $78\,dm^2 =$ _____ mm^2

c) $50\,000\,cm^2 =$ _____ m^2 d) $7900\,m^2 =$ _____ cm^2

e) $700\,000\,dm^2 =$ _____ a f) $270\,a =$ _____ dm^2

g) $1408\,000\,000\,m^2 =$ _____ ha h) $60\,km^2 =$ _____ a

Weiterführende Aufgaben

6 Markiere zuerst alle Fehler. Ignoriere dabei alle Folgefehler. Berechne danach, wenn möglich, die Ergebnisse.
Zusatzaufgabe: Benenne die Fehler.

a) $17\,dm^2 + 303\,cm^2 + 500\,mm^2 = 1700\,mm^2 + 30\,300\,mm^2 + 500\,mm^2 = 32\,500\,mm^2 = 325\,cm^2$ _____

b) $20\,m^2 + 33\,m^2 + 500\,000\,cm^2 = 20\,m^2 + 33\,m^2 + 5000\,m^2 = 5053\,m^2$ _____

c) $5\,km^2 - 500\,m^2 - 500\,a = 5\,000\,000\,m^2 - 500\,m^2 - 50\,000\,m^2 = 5\,050\,500\,m^2$ _____

d) $5\,m^2 - 33\,dm^2 - 700\,cm = 50\,000\,cm^2 - 3300\,cm^2 - 700\,cm^2 = 46\,000\,cm^2$ _____

7 Ein Puzzle setzt sich aus vielen Puzzleteilen zusammen. Puzzle und Puzzleteile gibt es in verschiedenen Größen.

a) Vervollständige die Tabelle. Gib den Flächeninhalt eines Puzzles mit 1000 Teilen in einer sinnvollen Einheit an.

Länge eines Teils	Breite eines Teils	Flächeninhalt eines Teils	Flächeninhalt eines Puzzles mit 1000 Teilen
2 cm	3 cm		
3 cm	4 cm		
	5 mm	25 mm²	
20 cm		300 cm²	

b) Ein Puzzle mit Teilen der Größe 4 cm² hat eine Größe von 14 dm². Berechne, aus wie viele Teilen das Puzzle besteht.

_____

_____

Umfang

Für den Umfang u eines Rechtecks gilt:

Umfang = 2-mal Länge + 2-mal Breite

$u = 2 \cdot a + 2 \cdot b$ oder $u = (a + b) \cdot 2$

Beispiele: Rechteck

$u = a + b + a + b$

$u = 2 \cdot a + 2 \cdot b$

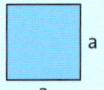

b

a

Quadrat

$u = a + a + a + a$

$u = 4 \cdot a$

a

a

$u = 2 \cdot$ ____ $+ 2 \cdot$ ____ $=$ ____

$u = 4 \cdot$ ____ $=$ ____

Auftrag: Ermittle die Umfänge.

Basisaufgaben

1 Ermittle die Umfänge. Miss dafür die benötigten Seitenlängen.

a)

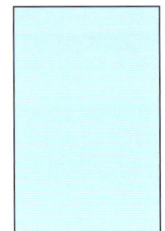

b)

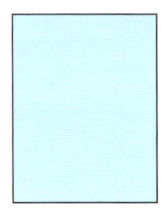

c)

d)

_____   _____   _____   _____

2 Ordne jeder Figur einen der folgenden gerundeten Umfänge zu.

| 8 cm | 10 cm | 12 cm | 18 cm | 20 cm |

a)

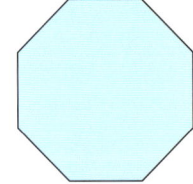

b)

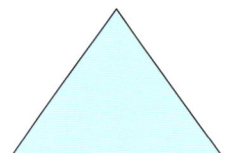

c)

d)

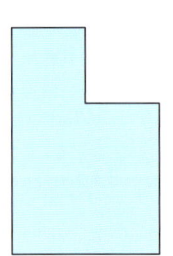

_____   _____

3 Berechne.

a) Umfänge von Quadraten

	Quadrat ①	Quadrat ②	Quadrat ③	Quadrat ④	Quadrat ⑤	Quadrat ⑥
Länge	10 mm	4 cm	8 dm	7 m	40 km 500 m	1 dm 1 cm
Umfang						

b) Umfänge von Rechtecken

	Rechteck ①	Rechteck ②	Rechteck ③	Rechteck ④	Rechteck ⑤	Rechteck ⑥
Länge	12 mm	4 cm	8 dm	7 m	200 m	15 cm
Breite	8 mm	16 cm	5 dm	8 m	9 km	11 dm
Umfang						

4 Jan und Kasha sollen ein Kantenmodell eines Würfels mit Kantenlänge 10 cm basteln. Dazu bekommen sie einen langen Holzstab und Knete. Kasha fragt sich, wie viel sie von dem Holzstab brauchen werden. Jan sagt: „Wir bestimmen einfach den Umfang eines Quadrats einer Seite und nehmen das Ergebnis mal 6. Also 4 · 10 cm = 40 cm; 40 cm · 6 = 240 cm." Was meinst du? Begründe.

_____

_____

5 Ergänze die Tabelle.

	Fläche ①	Fläche ②	Fläche ③	Fläche ④	Fläche ⑤	Fläche ⑥
Länge	20 000 m	12 cm	300 dm	90 mm	70 mm	18 cm
Breite						
Umfang	80 km	34 cm	120 m	36 cm	20 cm	5 dm

Weiterführende Aufgaben

6 Flächen mit ... cm Umfang
   a) Ermittle den Umfang der Fläche ①.
   b) Zeichne ein Quadrat (②) und zwei Rechtecke (③ und ④) mit 10 cm Umfang.
   c) Gib die Größen der vier Flächeninhalte an.

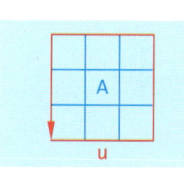

①   ②   ③   ④

A = _____   A = _____   A = _____   A = _____

= _____   = _____   = _____   = _____

7 Gegeben ist der Grundriss des Wohnzimmers von Familie Braun. Sie hat den Fußboden erneuert und möchte nun auch eine neue Fußleiste anbringen.
Berechne, wie viel Meter Fußleiste benötigt werden.
Beachte, dass bei den 1 m breiten Türen keine Fußleiste benötigt wird.

2,5 m   2 m   1,5 m   3 m

_____

_____

Zusatzaufgabe: Berechne den Flächeninhalt des Fußbodens.

Teste dich

1 Gib die Flächeninhalte in Quadratzentimetern und Quadratmillimetern an sowie die Umfänge in Zentimetern.

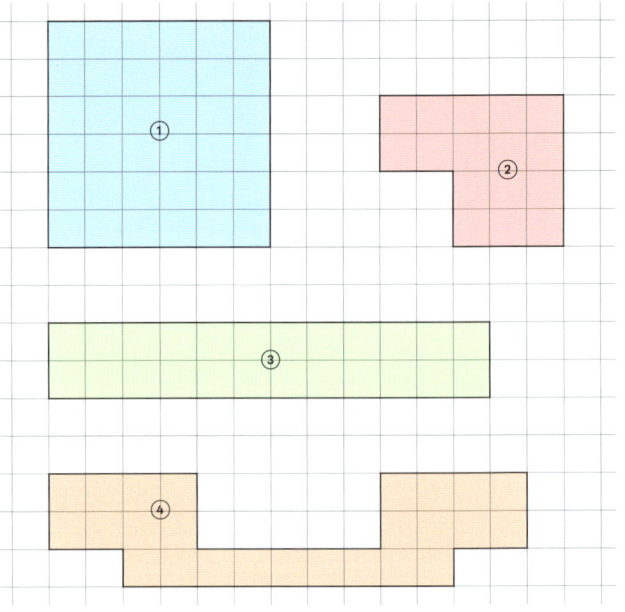

① A = _____   u = _____

② A = _____   u = _____

③ A = _____   u = _____

④ A = _____   u = _____

2 Rechne in die geforderte Einheit um.

a) $50\,700\,m^2 =$ _____ dm^2 b) $970\,000\,dm^2 =$ _____ m^2 c) $802\,000\,000\,m^2 =$ _____ km^2

d) $8500\,mm^2 =$ _____ cm^2 e) $20\,cm^2 =$ _____ mm^2 f) $2,5\,ha =$ _____ a

3 Verschiedene Sportarten benötigen verschiedene Größen an Spielfeldern.

a) Vervollständige die Tabelle.

Sportart	Länge	Breite	Flächeninhalt in m^2
Basketball	13 m	24 m	
Volleyball	9 m	18 m	
Kleinfeld-Fußball	15 m	30 m	
Korbball	25 m	60 m	
Stockschießen	3 m	33 m	

b) Beim Kleinfeld-Fußball ist die Größe des Spielfelds variabel. Der Flächeninhalt reicht von 450 m^2 bis zu 1800 m^2. Berechne die Breite eines maximal großen Spielfeldes, wenn die Länge 30 m beträgt.

_____

_____

4 Zeichne zwei Rechtecke, die keine Quadrate sind, und ein Quadrat mit einem Flächeninhalt von 4 cm^2.

Wo stehe ich?

☺ Die Aufgabe kann ich sicher lösen.

☺ Die Aufgabe kann ich mit Nachschauen lösen.

☹ Ich kann die Aufgabe nicht lösen. Hier brauche ich Hilfe.

Ich kann ...	☺	☺	☹	Hier kannst du üben.
• den Flächeninhalt angeben und vergleichen. (Aufgaben 1 und 3)				S. 46, 47, 50
• den Flächeninhalt eines Rechtecks berechnen. • die Seitenlänge eines Rechtecks bei gegebenem Flächeninhalt berechnen. (Aufgaben 3 und 4)				S. 48, 49, 50, 51, 53
• den Flächeninhalt mit unterschiedlichen Längeneinheiten berechnen. • Flächeneinheiten umrechnen. (Aufgaben 2 und 3)				S. 50, 51
• den Umfang eines Rechtecks berechnen. (Aufgabe 1)				S. 52, 53
• durch das Zerlegen und Ergänzen eines Rechtecks den Flächeninhalt zusammengesetzter Figuren bestimmen. (Aufgabe 1)				S. 50, 53
• Informationen in Texten erkennen und Sachaufgaben lösen. (Aufgabe 3)				S. 47, 49, 51, 53

 Volumen   Kanten

Volumen eines Quaders

Das Volumen V eines Quaders ist das Produkt aus Länge, Breite und Höhe.

Volumen = Länge mal Breite mal Höhe = $a \cdot b \cdot c$

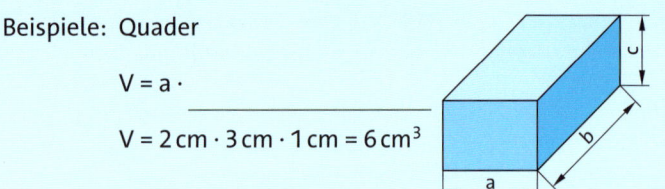

Beispiele: Quader

V = a ·

_____

$V = 2\,cm \cdot 3\,cm \cdot 1\,cm = 6\,cm^3$

Würfel

V = a ·

_____

$V = 2\,cm \cdot 2\,cm \cdot 2\,cm = 8\,cm^3$

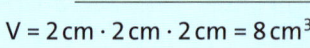 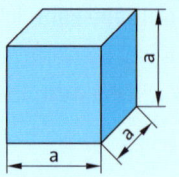

Auftrag: Ergänze die Formeln.

Basisaufgaben

1 Berechne das Volumen. Prüfe mit einer Unterteilung in 1cm³ große Würfel, ob das Ergebnis stimmen kann.

a)

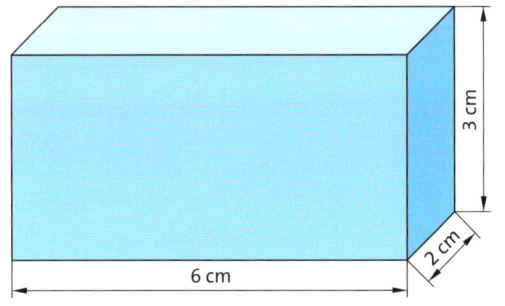

3 cm
6 cm
2 cm

b)

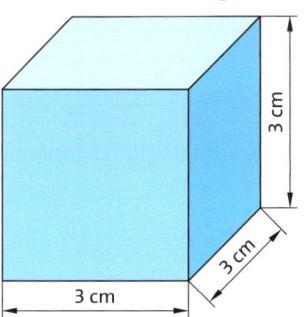

3 cm
3 cm
3 cm

2 lang
3 breit
3 hoch
$(2 \cdot 3) \cdot 3 = 18$

_____ _____

2 Ergänze die Tabellen für Quader.

a)

Länge	Breite	Höhe	Volumen
10 cm	30 cm	6 cm	
8 dm	3 dm	5 dm	
4 m	5 m	3 m	
1 cm	8 mm	70 mm	

b)

Länge	Breite	Höhe	Volumen
20 m		4 m	480 m³
90 mm	8 cm		144 cm³
	7 cm	1 dm	280 cm³
	2 cm	6 cm	1,2 dm³

3 Gib das Volumen der Körper an. Rechne, wenn nötig, auf einem zusätzlichen Blatt.
Hinweis: Zerlege in Quader und addiere oder ergänze zu einem Quader und subtrahiere.

a)

8 cm
13 cm
20 cm
5 cm
7 cm

b)

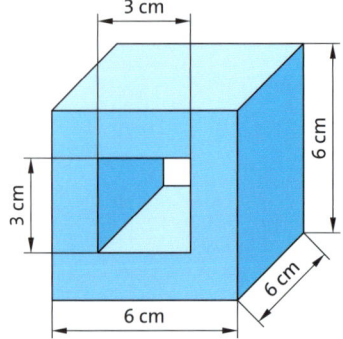

3 cm
6 cm
3 cm
6 cm
6 cm

_____ _____

4 Ermittle, wie viele Würfel mit 1 cm, 2 cm bzw. 2 mm langen Kanten benötigt werden, um den Körper zu füllen.

a)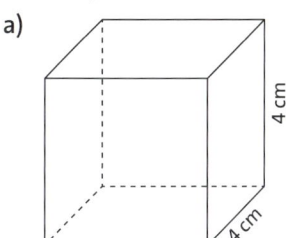

_____ Würfel mit
1 cm langen Kanten

_____ Würfel mit
2 cm langen Kanten

_____ Würfel mit
2 mm langen Kanten

b)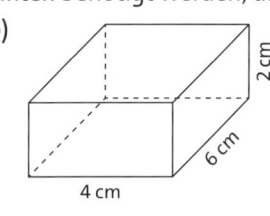

_____ Würfel mit
1 cm langen Kanten

_____ Würfel mit
2 cm langen Kanten

_____ Würfel mit
2 mm langen Kanten

5 Ein quaderförmiger Behälter ist 30 cm tief, 40 cm breit und 50 cm lang. Berechne sein Volumen in Kubikzentimetern. Zusatzaufgabe: Gib an, wie viele Liter Wasser der Behälter fassen kann.

_____

_____

Weiterführende Aufgaben

6 Eric kauft mit seiner Familie ein Hochbeet für den Garten. Sie sehen sich verschiedene Modelle in Form von Quadern an.

	Hochbeet Alu	Hochbeet aus Holz mit Stahlrahmen	Hochbeet Stahl	Hochbeet Holz
Länge	20 dm	23 dm	20 dm	15 dm
Breite	7 dm	3 dm	6 dm	5 dm
Höhe	4 dm	10 dm	5 dm	5 dm
Volumen				

Erics Familie möchte das Hochbeet mit dem größten Volumen kaufen, damit möglichst viele Pflanzen hineinpassen. Vervollständige die Tabelle und gib das passende Hochbeet an. Beurteile das Ergebnis.

_____

_____

7 Die Körper wurden aus gleich großen Holzwürfeln mit 1 cm langen Kanten gelegt. Berechne das Volumen des größtmöglichen Würfels, der aus allen kleinen Würfeln der fünf Körper gebaut werden kann.

   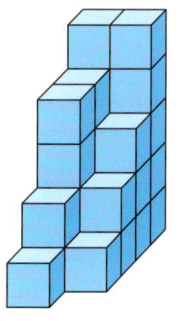 

_____

_____

Volumeneinheiten

Einheiten	Umrechnung

Kubikmeter (m³) $1\,m^3$ = _____ dm^3 = _____ cm^3 = _____ mm^3

Kubikdezimeter (dm³) $1\,dm^3$ = _____ cm^3 = _____ mm^3

Kubikzentimeter (cm³) $1\,cm^3$ = _____ mm^3

Kubikmillimeter (mm³)

Liter (ℓ) $1\,ℓ$ = _____ $mℓ$ $1\,ℓ = 1\,dm^3$

Milliliter (mℓ) $1\,mℓ = 1\,cm^3$

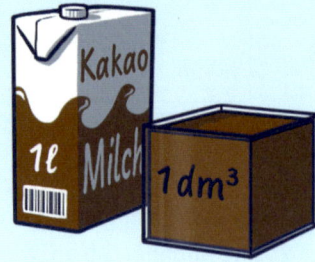

Auftrag: Ergänze die Umrechnungen.

Basisaufgaben

1 Die Würfeltürme wurden aus $1\,cm^3$ großen Würfeln gebaut. Gib ihr Volumen in drei Einheiten an.

a) 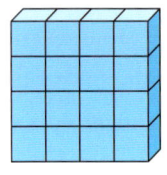   b) 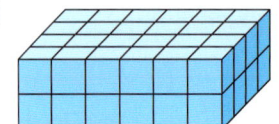   c) 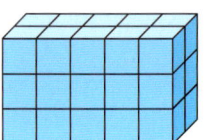   d)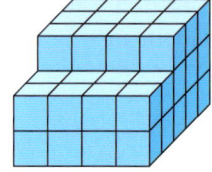

_____ cm^3 _____ cm^3 _____ cm^3 _____ cm^3

_____ mm^3 _____ mm^3 _____ mm^3 _____ mm^3

_____ $mℓ$ _____ $mℓ$ _____ $mℓ$ _____ $mℓ$

2 Gib in zwei Schreibweisen an, wie viel Saft die Gefäße enthalten.

a) 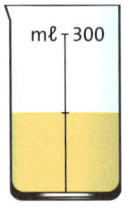   b) 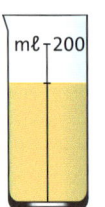   c) 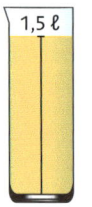   d)

_____ $mℓ$ _____ $mℓ$ _____ ℓ _____ $mℓ$ _____ $mℓ$

_____ cm^3 _____ mm^3 _____ cm^3 _____ dm^3 _____ cm^3

3 Ergänze, wenn möglich, die passenden Größenangaben.

a)

in der nächstkleineren Einheit	Ausgangs-wert	in der nächstgrößeren Einheit
	$5000\,dm^3$	
	$6000\,cm^3$	
	$800\,000\,m^3$	
	$40\,000\,mm^3$	

b)

in der nächstkleineren Einheit	Ausgangs-wert	in der nächstgrößeren Einheit
$360\,000\,000\,mm^3$		
		$20\,m^3$
$9\,000\,000\,mℓ$		
		$35\,ℓ$

4 Ordne jedem Gegenstand eine Größenangabe zu. Verbinde mit einem Lineal.
Gib die Größenangabe in einer weiteren Schreibweise an.
Zusatzaufgabe: Nummeriere die Größenangaben der Größe nach.

Flasche Limonade		75 mℓ = _____ mm³
Dose Suppe		500 mℓ = _____ cm³
Tube Zahnpasta		20 000 ℓ = _____ m³
Tanklaster		100 cm³ = _____ mℓ
Mülltonne beim Einfamilienhaus		400 mℓ = _____ mm³
Müllcontainer beim Mehrfamilienhaus		120 ℓ = _____ dm³
Flasche mit Hustentropfen		1100 ℓ = 1 _____ 100 _____

Größenumrechnungstabelle:
$\cdot 1000$ und $: 1000$ zwischen m³, dm³ (ℓ), cm³ (mℓ), mm³

5 Gedankenspiel: Stell dir vor, du hast Würfel mit 1 dm, 1 cm und 1 mm langen Kanten.

a) Ein Würfel mit 1 cm langen Kanten wird in 1 mm³ große Würfel zerlegt. Gib an, wie viele 1 mm³ große Würfel entstehen.

_____

b) Gib an, wie viele Würfel mit 1 mm langen Kanten zum Bauen eines 1 dm³ großen Würfels benötigt werden.

_____

Weiterführende Aufgaben

6 Ordne, soweit möglich, der Größe nach. Beginne mit dem kleinsten Volumen.
7 mℓ; 7 m³; 7 m²; 70 dm³; 70 cm³; 70 km; 700 ℓ; 700 mm³; 700 h

_____ < _____ < _____ < _____ < _____ < _____

7 Ein Glas Wasser enthält 200 ml Flüssigkeit. Der Mensch hat einen Flüssigkeitsbedarf von 2,5 l pro Tag.
Berechne, wie viele Gläser Wasser ein Mensch trinken muss, um seinen täglichen Flüssigkeitsbedarf zu decken.

_____

_____

8 Ergänze passende Volumeneinheiten.

a) 35 _____ + 59 000 _____ = 94 _____

b) 7 _____ − 900 _____ = 6 m³ 999 _____ 999 _____ 100 _____

c) 45 000 _____ + 45 000 _____ = 45 000 045 dm³ _____

Oberflächeninhalt eines Quaders

Der Oberflächeninhalt O eines Quaders ist die Summe der Flächeninhalte aller sechs Begrenzungsflächen des Quaders.

Beispiel:

$O = 2 \cdot a \cdot b + 2 \cdot a \cdot c + 2 \cdot b \cdot c$

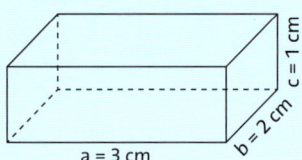

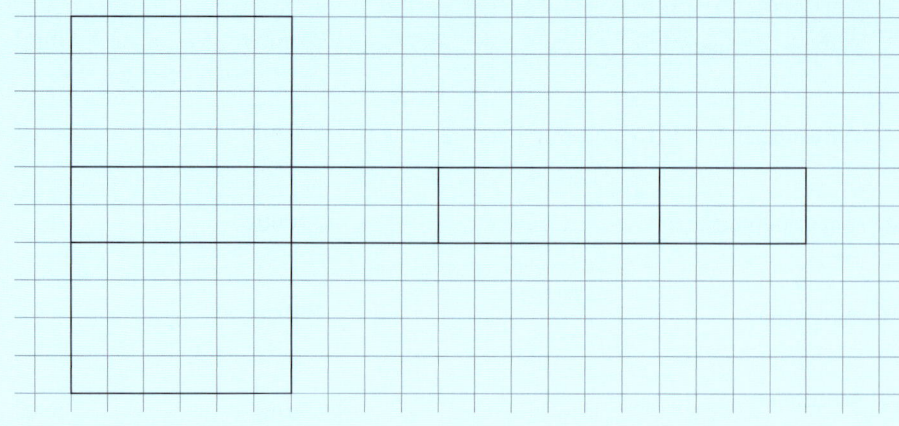

O = _____

Auftrag: Ermittle mithilfe des Körpernetzes den Oberflächeninhalt des Quaders.

Basisaufgaben

1 Ermittle den Oberflächeninhalt.

a) Würfel mit
3 cm langen
Kanten

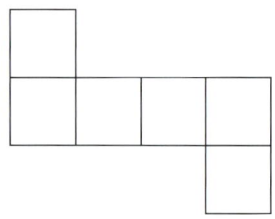

_____

_____

b) Quader mit
2 cm, 4 cm
und 6 cm
langen
Kanten

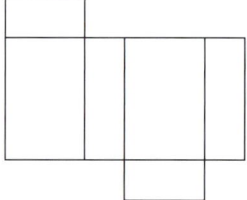

_____

_____

2 Gib die Oberflächeninhalte der Quader und Würfel an.

a)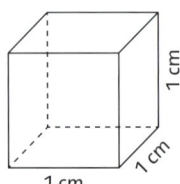

b)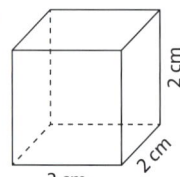

c)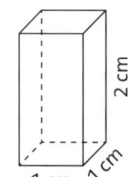

d)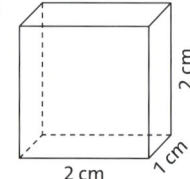

_____ _____ _____ _____

_____ _____ _____ _____

3 Ergänze die Tabelle für Quader.

Länge	3 cm	5 m	10 dm	7 cm	1 m
Breite	1 cm	2 m	2 dm	1 cm	20 dm
Höhe	1 cm	1 m	5 dm	2 cm	500 mm
Oberflächeninhalt					

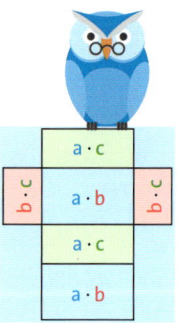

4 Eine Tüte mit 1 kg Mehl ist etwa 10 cm breit, 7 cm tief und 15 cm hoch.

Kreuze an, aus wie viel Papier die Tüte etwa besteht.

☐ 7 mm² ☐ 7 cm² ☐ 7 dm² ☐ 7 m² ☐ 700 mm² ☐ 700 cm² ☐ 700 m²

5 Die abgebildeten Körper wurden aus Würfeln mit 1 cm Kantenlänge gelegt.

Ermittle die Oberflächeninhalte der Körper.

Zusatzaufgabe: Gib die Volumina der Körper an.

a)

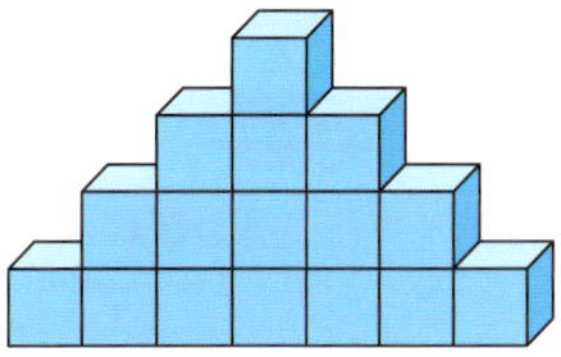

b)

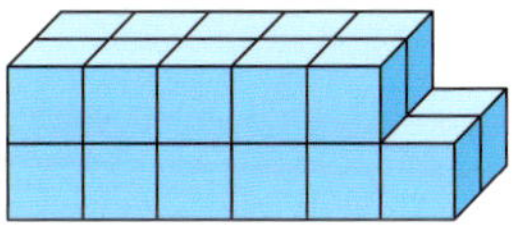

c)

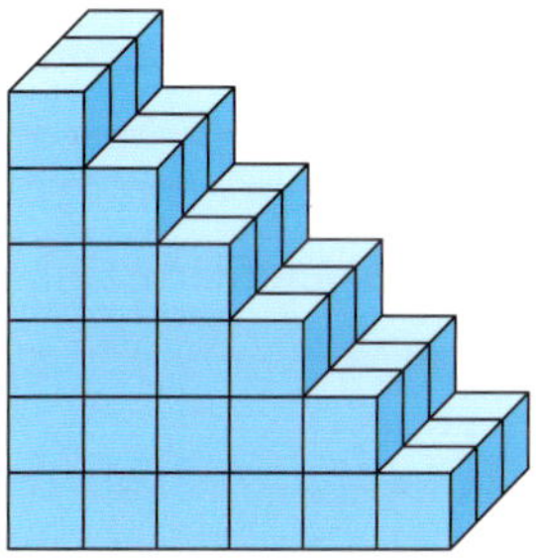

Weiterführende Aufgaben

6 Für ein Geschenk bastelt Naia drei oben offene Pappschachteln, die ineinander gestellt werden. Sie haben je die Form eines Würfels. Die kleinste innerste Schachtel hat eine Kantenlänge von 10 cm. Die nächstgrößere Schachtel hat eine Kantenlänge von 14 cm und die größte Schachtel eine Kantenlänge von 18 cm.

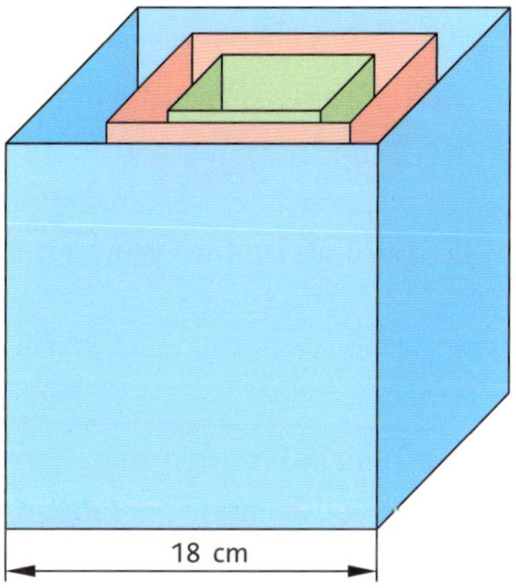

a) Berechne, wie viel Pappe für alle drei Schachteln benötigt wird.

18 cm

b) Für den Deckel wird ein unten offener Pappquader benötigt. Er ist 1 cm länger und breiter als die größte Papp-schachtel und 2 cm hoch. Naia hat noch 500 cm² Pappe übrig. Berechne, ob sie genug für den Deckel hat.

Hinweis: Fertige zunächst eine Skizze an.

c) Kreuze zutreffende Aussagen an.

	wahr	falsch
40 dm² Pappe sind genug für alle Schachteln und den Deckel.	☐	☐
5 dm² Pappe sind genug für den Deckel.	☐	☐
3 000 000 mm² sind genug für alle Schachten.	☐	☐

Teste dich

1 Berechne das Volumen und den Oberflächeninhalt des Quaders, dessen Körpernetz abgebildet ist.

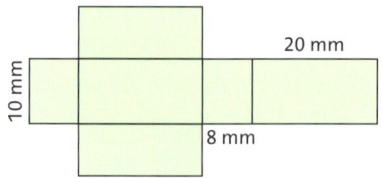

20 mm

10 mm

8 mm

2 Wandle in die geforderte Einheit um.

a) 6500 cm³ = _____ dm³   b) 0,3 m³ = _____ dm³

c) 3,8 cm³ = _____ mm³   d) 0,0008 m³ = _____ cm³

e) 14 ℓ = _____ dm³   f) 2750 mℓ = _____ ℓ

3 Kann das wahr sein? Kreuze an und begründe deine Meinung.

a) Fabian sagt: „Ein Würfel mit 2 dm Kantenlänge hat ein Volumen von 8 ℓ."   ☐ ja   ☐ nein

_____

b) Tim sagt: „36 Würfel mit 1 cm langen Kanten passen in einen 30 mm breiten Würfel."   ☐ ja   ☐ nein

_____

c) Lili sagt: „In fünf Würfel mit 5 cm langen Kanten passt mehr als ein halber Liter."   ☐ ja   ☐ nein

_____

4 Um Tiere in Terrarien zu halten, müssen diese je nach Tierart eine bestimmte Mindestgröße haben.

a) Vervollständige die Tabelle. Nutze, wenn nötig, zum Rechnen ein zusätzliches Blatt.

Tierart	Länge	Breite	Höhe	Volumen
Schlangen	10 dm	5 dm	5 dm	
Spinnen	2 dm	2 dm	2 dm	
Molche	6 dm	3 dm	3 dm	

b) Das Terrarium für ein Chamäleon hat ein Volumen von 432 dm³. Es ist 6 dm lang und 6 dm breit. Berechne die Höhe des Terrariums.

_____

_____

c) Fey hat ein Chamäleon. Das Terrarium hat eine Bodenplatte und eine Rückwand aus Holz. Die restlichen Seiten sind aus Glas. Berechne die Größen der Flächen aus Glas und Holz.

_____

_____

_____

Wo stehe ich?

☺ Die Aufgabe kann ich sicher lösen.

😐 Die Aufgabe kann ich mit Nachschauen lösen.

☹ Ich kann die Aufgabe nicht lösen. Hier brauche ich Hilfe.

Ich kann ...	☺	😐	☹	Hier kannst du üben.
• das Volumen verschiedener Körper vergleichen und in cm³ angeben. (Aufgabe 3)				S. 56, 57
• das Volumen und die Kantenlängen von Quadern mit der Volumenformel berechnen. (Aufgaben 1 und 4)				S. 56, 57
• Volumeneinheiten umrechnen. (Aufgaben 2 und 3)				S. 58, 59
• den Oberflächeninhalt von Quadern und zusammengesetzten Körpern mit der Oberflächeninhaltsformel berechnen. (Aufgaben 1 und 4)				S. 60, 61
• Informationen in Texten erkennen und Sachaufgaben lösen. (Aufgabe 4)				S. 57, 59, 61

  ablesen   ordnen

Ganze Zahlen und Zahlengerade

- Die Zahlen –1, –2, –3, … heißen negative ganze Zahlen.
- Die negativen ganzen Zahlen und die natürlichen Zahlen (0, 1, 2, 3, …) bilden zusammen die ganzen Zahlen
  …, –3, –2, –1, 0, 1, 2, 3, … (kurz $\mathbb{Z}$).
- Auf der Zahlengeraden liegen die negativen ganzen Zahlen links von der Null und die positiven ganzen Zahlen rechts von der Null.
- Der Abstand zwischen zwei benachbarten Zahlen ist immer gleich groß.

Nach links werden
die Zahlen kleiner.

Nach rechts werden
die Zahlen größer.

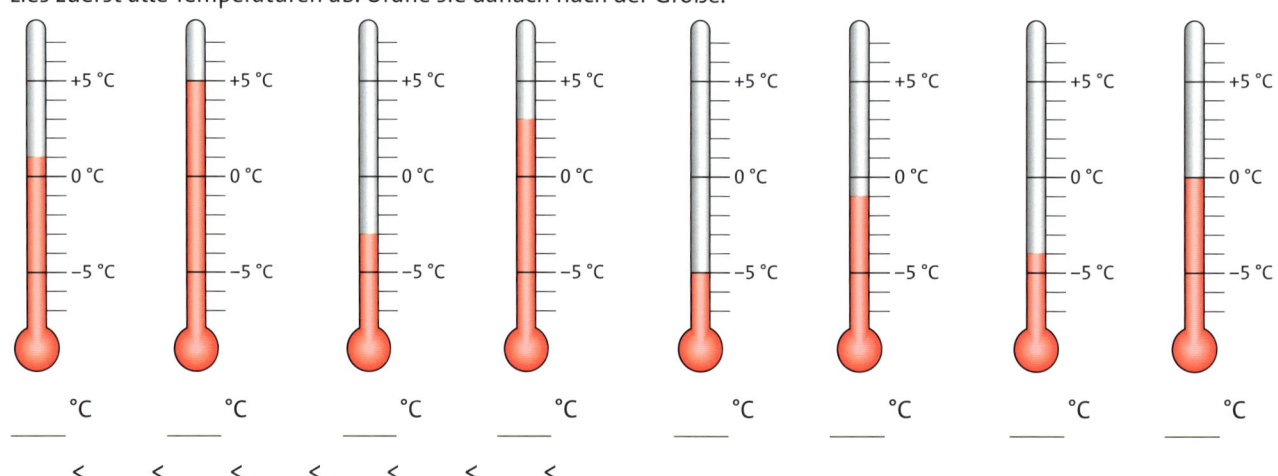

Auftrag: Vervollständige die Zahlen an der Zahlengerade.

Basisaufgaben

1 Lies zuerst alle Temperaturen ab. Ordne sie danach nach der Größe.

____ °C   ____ °C   ____ °C   ____ °C   ____ °C   ____ °C   ____ °C   ____ °C

____ < ____ < ____ < ____ < ____ < ____ < ____ < ____

2 Ergänze „<" oder „>".
Hinweis: Markiere dir die Temperaturen, wenn nötig, auf der Zahlengerade.

–32 °C ☐ –23 °C   +30 °C ☐ +23 °C   +23 °C ☐ –32 °C   +32 °C ☐ –23 °C

–23 °C ☐ –32 °C   +20 °C ☐ +18 °C   –16 °C ☐ –15 °C   +2 °C ☐ –1 °C

3 Veranschauliche die Zahlen an der Zahlengeraden.

a) 0; 100; –100; 50; –50; 25; –25; 75; –75; 80; –80

b) 0; 16; –16; 8; –12; 14; –10; –7; –3; 4; –9

4 Gegeben sind die Durchschnittstemperaturen pro Monat eines Jahres von Ottawa, Kanada.

Monat	Jan	Feb	März	April	Mai	Juni	Juli	Aug	Sep	Okt	Nov	Dez
Temperatur in °C	−11	−10	−3	6	12	18	21	19	15	9	2	−8

a) Zeichne die Temperaturen in das Diagramm ein.
Verbinde die gezeichneten Punkte zu einer
Temperaturkurve.

b) Nenne die Monate mit negativen Durchschnittstemperaturen.

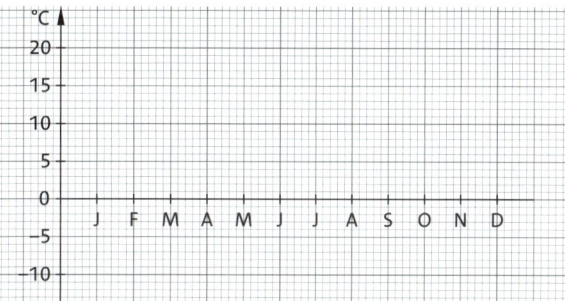

c) Ordne die Durchschnittstemperaturen der Größe nach.

Weiterführende Aufgaben

5 Bilde Zahlen mit positiven oder negativen Vorzeichen und den drei Ziffern.

a) Schreibe die kleinstmögliche dreistellige ganze Zahl auf.
Alle der Ziffern dürfen darin mehrmals vorkommen. _____

b) Schreibe die größtmögliche dreistellige ganze Zahl auf.
Alle der Ziffern dürfen darin mehrmals vorkommen. _____

c) Schreibe die kleinstmögliche dreistellige ganze Zahl auf.
Keine der Ziffern darf darin mehrmals vorkommen. _____

d) Gib an, wie man aus drei beliebigen, verschiedenen Ziffern eine möglichst kleine dreistellige Zahl bildet.

6 Bei Programmen, die Videos abspielen, sind neben dem farbigen Fortschrittsbalken und Buttons zur Bedienung häufig negative Angaben zu sehen.

a) Erkläre die Bedeutung der positiven Angabe links und der negativen Angabe rechts neben dem Fortschrittsbalken.

b) Gib die Gesamtlänge des Videos an.

c) Das Video ist 2 Minuten lang. Male den Fortschrittsbalken mithilfe der Skalierung so weit an, dass er zur Angabe des Videos passt. Ergänze die fehlende Angabe.

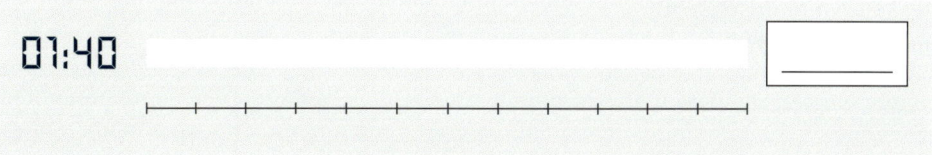

Teile die Lauflänge des Videos mithilfe der Skala ein.

Erweiterung des Koordinatensystems

- Die x-Achse und die y-Achse eines Koordinatensystems teilen die Ebene in vier Quadranten.
- Die Achsen schneiden einander im Koordinatenursprung (Nullpunkt).
- Jede Achse ist gleichmäßig unterteilt.
- Jeder Punkt P kann mit seinen Koordinaten $P(x|y)$ angegeben werden.

Beispiele: A _____   B _____

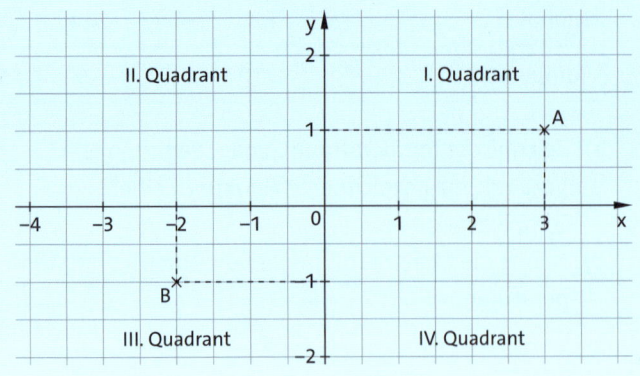

Auftrag: Gib die Koordinaten der Punkte A und B an.

Basisaufgaben

1 Vervollständige die Angaben zu den im Koordinatensystem eingezeichneten Punkten.

A(1| ___)   B(2| ___)

C(3| ___)   D(−2| ___)

E(___ | ___)   F(___ | ___)

G(___ | ___)   H(___ | ___)

J(___ | ___)   ___ (−3|−1)

L(___ | ___)   ___ (−1|−2)

N(___ | ___)   ___ (0|3)

P(___ | ___)   ___ (2|0)

2 Zeichne die Punkte in das Koordinatensystem ein.

A(0|7)   B(−5|4)

C(5|4)   D(−2|3)

E(2|3)   F(−6|1)

G(0|1)   H(6|1)

J(0|−1)   L(2|−2)

N(5|−4)   O(0|−5)

Zusatzaufgabe: Das Muster soll symmetrisch sein.
Gib die passenden Koordinaten für K und M an.

_____

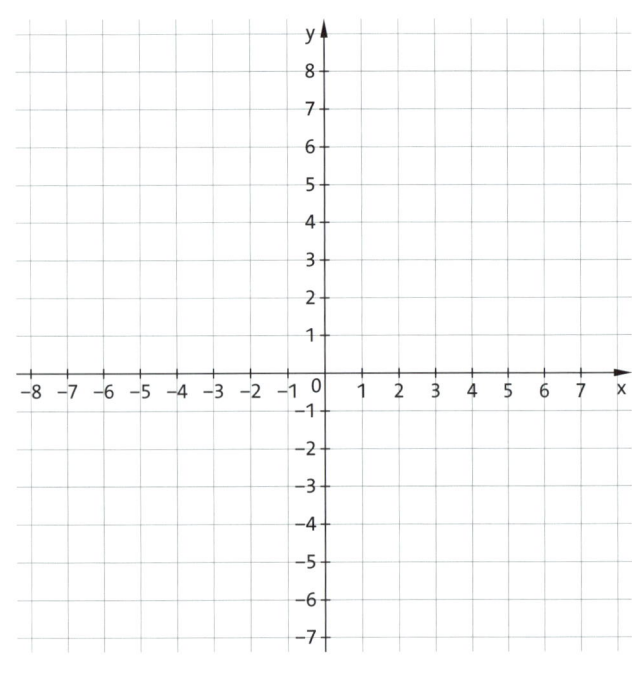

3 Trage die Punkte ins Koordinatensystem ein.
Verbinde die Punkte in alphabetischer Reihenfolge und
den Punkt L mit dem Punkt A.
Hinweis: Am Schluss ergibt sich ein Bild.

A(0|2)	F(−5|4)	C(4|4)
J(0|−3)	E(−2|5)	G(−6|2)
H(−1|2)	K(1|−2)	B(5|2)
L(0|−2)	D(1|5)	I(−1|−2)

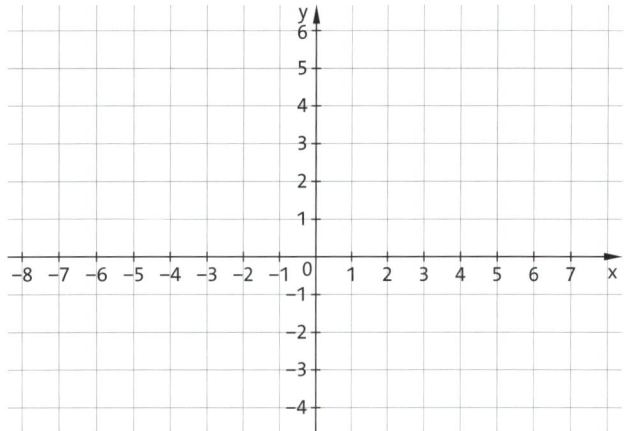

4 Die Punkte (2\|6) und (−2\|2) gehören zu einem Quadrat.
Zeichne zwei dazu passende Quadrate in das
Koordinatensystem ein und gib die Koordinaten der
Eckpunkte an.

Quadrat ①: A₁(___ | ___); B₁(___ | ___);

C₁(___ | ___); D₁(___ | ___)

Quadrat ②: A₂(___ | ___); B₂(___ | ___);

C₂(___ | ___); D₂(___ | ___)

Zusatzaufgabe: Es existiert eine dritte mögliche Lösung.
Gib auch dazu die Koordinaten der Eckpunkte an.
A₃(___ | ___); B₃(___ | ___); C₃(___ | ___); D₃(___ | ___)

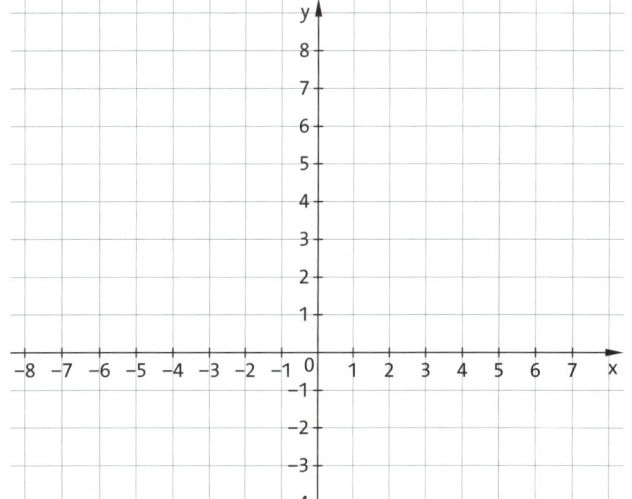

Weiterführende Aufgaben

5 Die Hütte eines Försters befindet sich im Koordinatenursprung südlich eines Schutzgebietes, welches nicht betreten
werden darf. Im Koordinatensystem hat er sich markante Plätze des Waldes eingezeichnet.

Sammelplätze für Pilze:	P₁(4|7); P₂(−7|1); P₃(6|−2)
Hochsitz:	H(−5|−3)
Zaun des Schutzgebiets:	Gerade durch (−8|6) und (7|6)
Spitze des Fuchsberges:	F(5|4)
Teich:	T(−3|3)

a) Zeichne alle markanten Plätze in das
Koordinatensystem ein.

b) Begründe, warum der Förster nur zwei der Pilzsammelplätze aufsuchen kann.

_____

_____

c) Die Achsen des Koordinatensystems sind in km
skaliert. Miss die Entfernungen von der Hütte bis zum
Teich und gib die Entfernung an, wenn der Förster auf
direktem Weg hinläuft.

Teich: _____

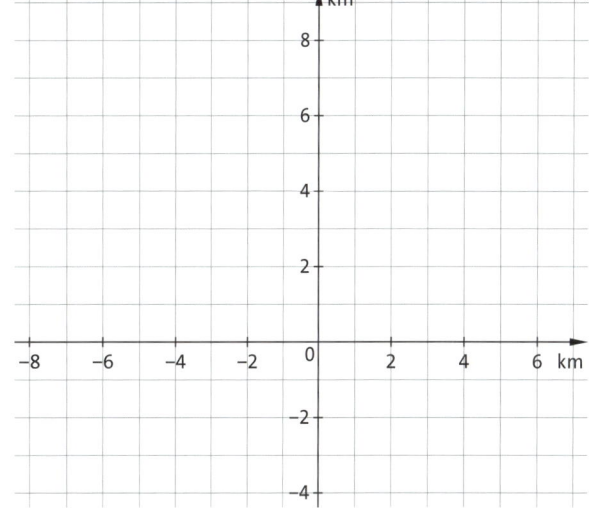

Zustandsänderungen

- Das Minuszeichen (–) vor einer Zahl kann einen Zustand oder eine Zustandsänderung anzeigen.
- Durch Markierungen auf der Zahlengerade kann man Zustände darstellen.
- Zustandsänderungen werden durch Pfeile angezeigt.

Beispiele:

Anna steht bei −5 und geht von dort 6 Schritte nach rechts. Danach steht sie bei _____

Vadim steht bei +4 und geht von dort 7 Schritte nach links. Danach steht er bei _____

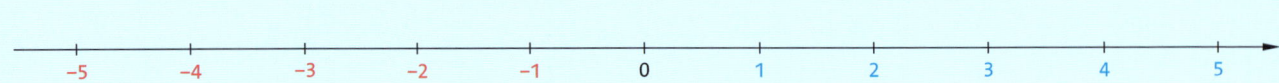

Auftrag: Vervollständige die Sätze und zeichne die Zustandsänderungen auf der Zahlengerade ein.

Basisaufgaben

1 Ergänze so, dass der Satz, die Darstellung und die Rechnung zusammenpassen.

a) Gehe von 1 aus 5 Schritte nach rechts.

b) Gehe von 1 aus 5 Schritte nach links.

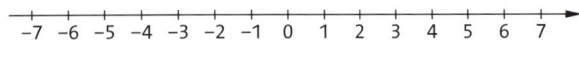

_____

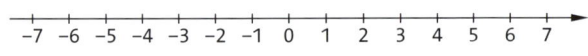

_____

c) Gehe von −2 aus 5 Schritte nach rechts.

d) Gehe von −2 aus 5 Schritte nach links.

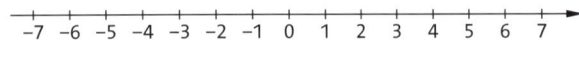

_____

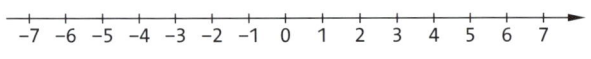

_____

2 Verbinde jede Aussage mit dem dazu passenden Ausdruck. Nutze ein Lineal.
Hinweis: Jeder Ausdruck kommt gleich häufig vor.

| Die Temperatur sinkt um 12 °C. |

| Das Guthaben beträgt 165,45 €. |

| Der Fahrstuhl fährt 5 Etagen höher. |

| Zustand |

| Der Verein hat 200 Mitglieder. |

| Die Schuldenhöhe beträgt 250 €. |

| Zustandsänderung |

| Der Wasserspiegel steigt um 3 cm. |

3 Durch Einnahmen und Ausgaben verändert sich der Kontostand.

a) Vervollständige die Tabelle.

Kontostand vorher	230€	1250€		−56€	−45€	
Einnahmen/Ausgaben	−60€		−500€	+166€		+2300€
Kontostand nachher		1880€	−180€		−180€	−1200€

b) Anka hat 36€. Sie hat diesen Monat verschieden Einnahmen und Ausgaben. Berechne, wie viel Geld sie am Ende des Monats noch übrig hat. Rechne geschickt.

- Rasen mähen   + 10€
- Bücher   − 22€
- Kino   − 12€
- Babysitten   + 18€
- Bäcker   − 3€

_____

_____

_____

_____

4 Setze Rechenzeichen so ein, dass wahre Aussagen entstehen.
Zusatzaufgabe: Beschreibe, wie du vorgehst.

a) +2 ☐ 7 = +9

b) +5 ☐ 8 = −3

c) −3 ☐ 5 = +2

d) −5 ☐ 7 = +2

e) −5 ☐ 16 = −21

f) −20 ☐ 6 = −14

g) +2 ☐ 7 ☐ 4 = +5

h) −3 ☐ 5 ☐ 8 = −6

_____

_____

Weiterführende Aufgaben

5 Die höchste in Deutschland jemals gemessene Temperatur beträgt 42°C (Tönisvorst, NRW). Die kälteste jemals gemessene Temperatur beträgt −38°C (Wolnzach, Bayern).

a) Berechne den Temperaturunterschied zwischen Tönisvorst und Wolnzach.

_____

_____

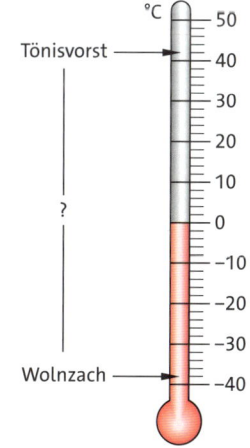

b) Die höchste jemals gemessene Temperatur auf der Erde beträgt rund 57°C (Death Valley, USA, 1913). Der Temperaturunterschied zum kältesten Ort der Erde (Antarktis) beträgt 149°C. Berechne die niedrigste jemals gemessene Temperatur.

_____

_____

c) Für weitere Planeten unseres Sonnensystems können ebenfalls maximale und minimale Temperaturen geschätzt werden. Vervollständige die Tabelle.

Planet	maximale Temperatur	minimale Temperatur	Temperatur-unterschied
Merkur	427°C	−173°C	
Venus	493°C	440°C	
Mars	20°C	−85°C	

Ganze Zahlen addieren und subtrahieren

- Addiert man eine positive Zahl zu einer ganzen Zahl, geht man auf der Zahlengeraden nach rechts.
- Subtrahiert man eine positive Zahl von einer ganzen Zahl, geht man auf der Zahlengeraden nach links.

- Addiert man eine negative Zahl zu einer ganzen Zahl, geht man auf der Zahlengeraden nach links.
- Subtrahiert man eine negative Zahl von einer ganzen Zahl, geht man auf der Zahlengeraden nach rechts.

Beispiele:

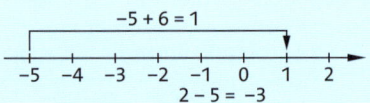

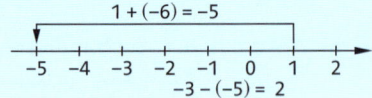

Auftrag: Ergänze in jedem Beispiel den zugehörigen Pfeil.

Basisaufgaben

1 Ergänze die Rechnungen.

a)
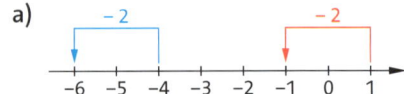

■ $-4 - 2 =$ _____

■ _____

b)
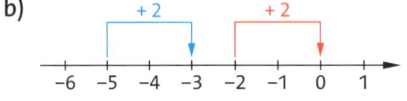

■ $-5 + 2 =$ _____

■ _____

c)
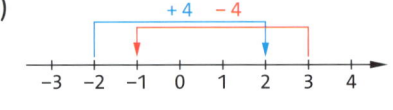

■ $-2 + 4 =$ _____

■ _____

2 Berechne.

a) $4 - 5 =$ _____

b) $-4 - 5 =$ _____

c) $-4 + 5 =$ _____

d) $-37 + 12 =$ _____

e) $-12 - 37 =$ _____

f) $12 - 37 =$ _____

g) $-37 + 16 =$ _____

h) $-50 - 7 =$ _____

i) $6 - 7 =$ _____

j) $-6 - 53 =$ _____

k) $-9 - 50 =$ _____

l) $-33 + 8 =$ _____

3 Ergänze die Rechnungen.

a)
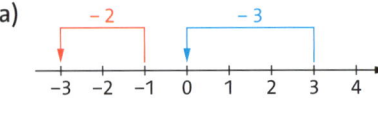

■ $3 - 3 =$ _____

■ _____

b)
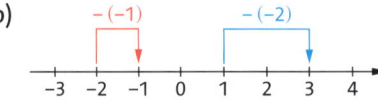

■ $1 - (-2) =$ _____

■ _____

c)
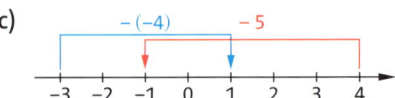

■ _____

■ _____

4 Berechne.

a) $4 - (-5) =$ _____

b) $-4 - (-5) =$ _____

c) $-4 + (-5) =$ _____

d) $40 + (-12) =$ _____

e) $40 - (-12) =$ _____

f) $-40 + (-12) =$ _____

g) $4 + (-40) =$ _____

h) $20 - (-8) =$ _____

i) $-7 + (-1) =$ _____

j) $10 + (-5) =$ _____

k) $-61 + (-8) =$ _____

l) $-3 + (-9) =$ _____

5 Ergänze die Additionsmauer.

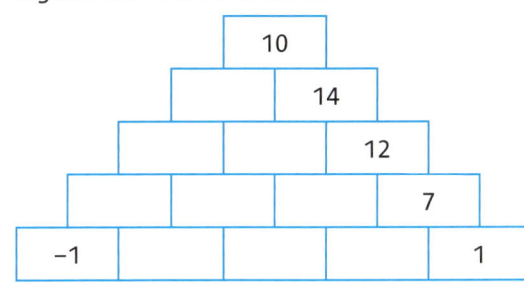

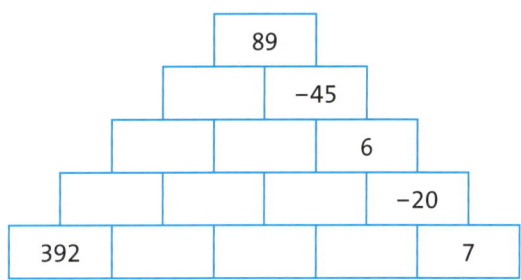

6 Setze passende Rechenzeichen ein.

a) 27 ☐ 38 = −11

b) −71 ☐ (−28) = −99

c) 40 ☐ (−80) ☐ (−20) = −60

d) −8 ☐ 2 ☐ (−3) = −3

e) −1 ☐ (−1) ☐ (−1) = −3

f) −5 ☐ (−5) ☐ (−3) = −3

g) 2 ☐ (−5) ☐ +1 = 6

h) 8 ☐ (−9) ☐ (−3) = −4

Rechenzeichen zum Abstreichen:

+	+	+	−
+	+	−	−
+	+	−	
+	+	−	

Weiterführende Aufgaben

7 Kreuze Zutreffendes an.

a) Wenn die Temperatur von −2 °C auf 16 °C steigt, dann ist die Temperaturdifferenz ...

☐ 14 °C ☐ −18 °C ☐ 18 °C ☐ −14 °C

b) Wenn die Temperatur von 80 °C auf 21 °C sinkt, dann fällt sie um ...

☐ 101 °C ☐ 59 °C ☐ 61 °C ☐ 99 °C

c) Die Temperatur steigt von −12 °C um 20 °C. Sie beträgt dann ...

☐ 12 °C ☐ −32 °C ☐ 32 °C ☐ 8 °C

d) Der Kontostand von 152 € ändert sich um 27 €. Er beträgt jetzt ...

☐ 179 € ☐ 126 € ☐ 125 € ☐ 178 €

8 Trage die Zahlen und die Ergebnisse in das Mengendiagramm ein.

−11		−4 + 9 =		−1 + 8 =		8		3 − 12 =

−2 − 4 =		22		12		−10 + 5 =		−37

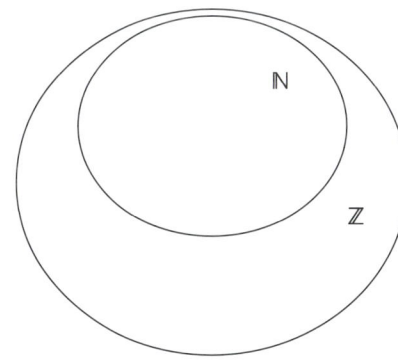

$\mathbb{N}$ natürliche Zahlen 0; 1; 2; 3; ...

$\mathbb{Z}$ ganze Zahlen ... −2; −1; 0; 1; 2; ...

9 Von zwei Tafeln wurden Zahlen weggewischt. Gib die fehlenden Zahlen an. Verwende zum Rechnen, wenn nötig, ein zusätzliches Blatt.

Tafel 1:

☐ + (−1) = −3

+ + +

☐ + 2 = ☐

☐ + ☐ = 0

Tafel 2:

☐ − 4 = ☐

+ + +

3 − ☐ = −5

9 − ☐ = ☐

 minus mal plus   minus mal minus

Ganze Zahlen multiplizieren und dividieren

1. Multipliziere bzw. dividiere die Beträge der Zahlen.

2. Bestimme das Vorzeichen des Ergebnisses.

   Es ist negativ (–), wenn beide Zahlen verschiedene Vorzeichen haben.

   Es ist positiv (+), wenn beide Zahlen gleiche Vorzeichen haben.

Beispiele:

$5 \cdot (-2) =$ _____ $-24 : 6 =$ _____

$-8 \cdot (-2) =$ _____ $18 : 6 =$ _____

Auftrag: Ergänze die Ergebnisse.

Basisaufgaben

1 Multipliziere.

a) $7 \cdot (-6) =$ _____

b) $-8 \cdot (-8) =$ _____

c) $-5 \cdot 3 =$ _____

d) $13 \cdot (-4) =$ _____

e) $-7 \cdot 11 =$ _____

f) $12 \cdot (-4) =$ _____

g) $-7 \cdot (-8) =$ _____

h) $2 \cdot (-1) =$ _____

i) $2 \cdot (-5) =$ _____

j) $-9 \cdot (-3) =$ _____

k) $-1 \cdot 60 =$ _____

l) $4 \cdot (-10) =$ _____

2 Dividiere.

a) $60 : (-10) =$ _____

b) $-18 : (-3) =$ _____

c) $-16 : (-4) =$ _____

d) $55 : (-5) =$ _____

e) $-27 : 3 =$ _____

f) $-44 : 11 =$ _____

g) $-54 : 9 =$ _____

h) $-1490 : 149 =$ _____

i) $-6 : 3 =$ _____

j) $-65 : 5 =$ _____

k) $-72 : 8 =$ _____

l) $-146 : 2 =$ _____

3 Ergänze die Multiplikationsmauer.

a)

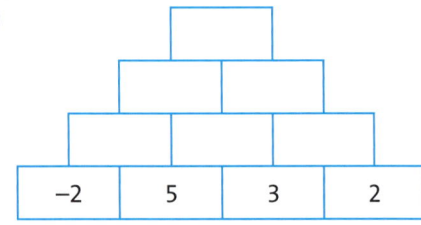

b)

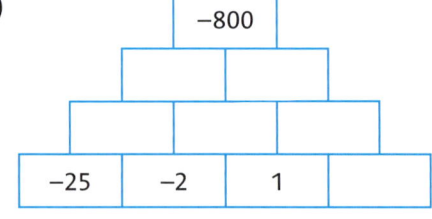

c)

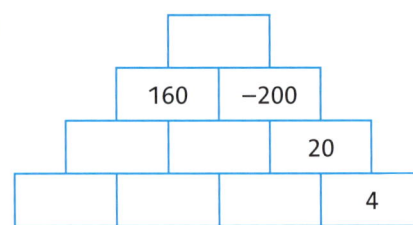

d)

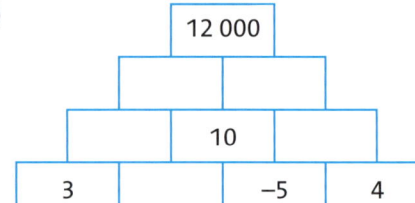

4 Entscheide, ob das Ergebnis kleiner, größer oder gleich 0 ist.
Zusatzaufgabe: Ermittle das Ergebnis auf einem zusätzlichen Blatt.

a) $-5 \cdot 1 \cdot 100 \cdot (-5) \cdot (-1) \cdot (-2) \cdot (-10) \cdot (-1) \cdot 2$ ☐ 0

b) $(3 \cdot (-4)) \cdot 10 \cdot (-3) \cdot (-2) \cdot (-1) : (16 \cdot (-5))$ ☐ 0

c) $2 \cdot (-4 : (-2)) \cdot 0 \cdot 6 : (-8 - (-2))$ ☐ 0

" – " mal " + " = " – "
" + " mal " – " = " – "
" – " mal " – " = " + "
" + " mal " + " = " – "

5 Ergänze, wenn möglich, eine Zahl in jeder Zelle der Tabelle.

Zusatzaufgabe: Nenne Besonderheiten, die sich in den letzten beiden Zeilen ergeben.

x	y	z	x · y	x · z	y · z	x · y · z
−1	2	0				
	1	1	30			
−2				10	15	
		3	−4	6		
		−10		50	−20	
		0	1			
1	1		1	−1	1	

Weiterführende Aufgaben

6 Maya wandert auf die Fuchshöhe, die 612 m hoch ist. Der Wanderweg steigt gleichmäßig an. Pro Minute kann Maya 3 Höhenmeter überwinden.

a) Berechne, wie lange die gesamte Wanderung auf die Fuchshöhe dauert.

b) Maya befindet sich auf der Spitze der Fuchshöhe. Erkläre, welche Information mit der Rechnung 612 m − (60 min · 3 m/min) bestimmt werden kann.

c) Natalia schafft 4 Höhenmeter pro Minute. Kreuze die Rechnung an, mit der berechnet werden kann, ob Natalia in der Lage ist, in zweieinhalb Stunden auf die Fuchshöhe zu wandern.

☐ 150 min + (612 m : 4 m/min)   ☐ 150 min − (612 m : 4 m/min)

☐ (612 m : 4 m/min) − 150 min   ☐ 612 min + (150 m : 4 m/min)

7 Ordne den Rechnungen passende Texte zu.

Jan zahlt seine Schulden von 35 € in drei Raten ab.

Gordons Schulden von 35 € verdreifachen sich.

Fernandas Guthaben von 35 € wird verdreifacht.

−35 € · 3   −35 € : 3   3 · 35 €   35 € : 3   −35 € + 35 €

Elenas Guthaben von 35 € wird auf drei Personen verteilt.

Iris zahlt ihre Schulden von 35 € vollständig zurück.

Rechnen mit allen Grundrechenarten

zuerst	nach rechts	Punktrechnung	Ausdrücke in Klammern	vor Strichrechnung	von links

$a \cdot b$ $\qquad$ $a + (b + c)$ $\qquad$ $a \cdot (b \cdot c)$ $\qquad$ $a \cdot (b - c)$ $\qquad$ $b + a$ $\qquad$ $a \cdot b + a \cdot c$

$(a \cdot b) \cdot c$ $\qquad$ $a \cdot b - a \cdot c$ $\qquad$ $a + b$ $\qquad$ $a \cdot (b + c)$ $\qquad$ $b \cdot a$ $\qquad$ $(a + b) + c$

- _____

- _____

- _____

- Kommutativgesetze der Addition und Multiplikation: _____

- Assoziativgesetze der Addition und Multiplikation: _____

- Distributivgesetz: _____

Auftrag: Formuliere mithilfe der Karten Regeln, die für alle ganzen Zahlen gelten.

Basisaufgaben

1 Unterstreiche zuerst wie bei a das Rechenzeichen, das du als Erstes berücksichtigst. Rechne danach im Kopf.

a) $-6 \cdot (4 \underline{-} 9) =$ _____

b) $6 + (-4) + 9 =$ _____

c) $-6 + 4 \cdot (-9) =$ _____

d) $-23 - 87 : (-29) =$ _____

e) $23 + (87 - 29) =$ _____

f) $45 + 135 : (-3) =$ _____

g) $(-125 + 75) \cdot (-2) =$ _____

h) $-5 + 3 \cdot (-4 - 3) =$ _____

i) $(-8 + 5) \cdot 3 - (4 - 7) =$ _____

2 Entscheide ohne alle Ergebnisse zu ermitteln, welche Aufgaben dieselben Ergebnisse haben. Verbinde diese mit Linien.

$7 + 48 + 2$ $\qquad$ $2 \cdot (-12 + 15 - 8)$

$(48 + 5 - 8) : 2$ $\qquad\qquad\qquad\qquad\qquad\qquad$ $2 : (-12 + 15 - 8)$

$48 + 2 + 7$ $\qquad\qquad\qquad\qquad\qquad\qquad\qquad$ $(40 + 5) : 2$

$48 - (-2) + 7$ $\qquad$ $(15 - 12 - 8) \cdot 2$

3 Rechne vorteilhaft.

a) $4 \cdot 12 + 4 \cdot 13 =$ _____

b) $7 \cdot 3 + 13 \cdot 3 =$ _____

c) $34 \cdot 7 - 28 \cdot 7 =$ _____

d) $-45 \cdot 13 + 51 \cdot 13 =$ _____

e) $-7 \cdot 9 - 3 \cdot 9 =$ _____

f) $-8 \cdot (125 - 3) =$ _____

g) $117 - 84 + 13 =$ _____

h) $-3 \cdot 12 + 3 \cdot 48 =$ _____

i) $(4 \cdot (-5) + 40) : 5 =$ _____

j) $10 - 3 \cdot 3 + 6 \cdot (-2) =$ _____

4 Einige Aufgaben wurden falsch gerechnet. Finde den Fehler und korrigiere, wenn nötig, das Ergebnis.

a) $13 - 5 : 2 = 4$ _____

b) $-1 \cdot 15 \cdot (10 : (-2)) = -75$ _____

c) $((-5 - 13) : 2 + 6) \cdot (-2) = 6$ _____

d) $((18 + 9 : (-3)) : 3) + 3 \cdot 4 = 9$ _____

e) $(-6 + 10 : 2) \cdot ((-100) : (-2)) = 50$ _____

f) $(-5 + 12 - 35) : ((-7) \cdot (-2)) = -2$ _____

KlaPS-Regel
1. Klammern
2. Punktrechnung
3. Strichrechnung

5 Vervollständige die Tabelle.

a	b	c	a + b + c	(a + b) · c	(a − c) · b
1	4	2			
−2	3	−3			
5	−1	5			
0	7	−2			
−3	−3	−3			

Weiterführende Aufgaben

6 Schreibe den entsprechenden Ausdruck auf und berechne.

a) Multipliziere die Summe von −7 und 5 mit 3. _____

b) Addiere die Produkte von −8 und −2 und von −2 und 4. _____

c) Addiere 6 zum Quotienten von 81 und 9 und addiere anschließend −2. _____

d) Subtrahiere 3 von der Differenz von 78 und −5. _____

7 Alle ganzen Zahlen, die größer als −52 und kleiner als −49 sind, werden addiert. Berechne das Ergebnis. _____

8 Gegeben ist ein Rechenbaum.
a) Vervollständige den Rechenbaum.
b) Schreibe die Rechnung aus dem Rechenbaum auf. Setze sinnvolle Klammern. Löse anschließend schrittweise.

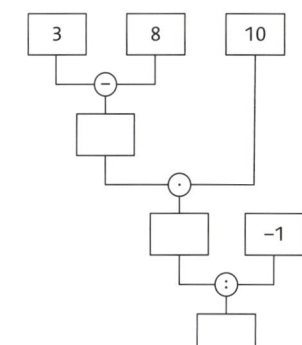

_____

_____

Zusatzaufgabe: Erstelle selbst einen Rechenbaum und tausche ihn mit deinem Nachbarn. Schreibe die passende Rechnung auf und löse.

Teste dich

1 Unterstreiche den Fehler. Gib eine kleine Veränderung an, durch die eine wahre Aussage entsteht.

a) Mainz liegt 226 m unter dem Meeresspiegel.

_____

b) Von 10 € Schulden wurden 5 € zurückgezahlt. Es blieben 15 € Schulden übrig.

_____

2 Lies zuerst die Temperaturen ab.
Gib danach an, um wie viel Grad Celsius die Temperatur stieg oder fiel.

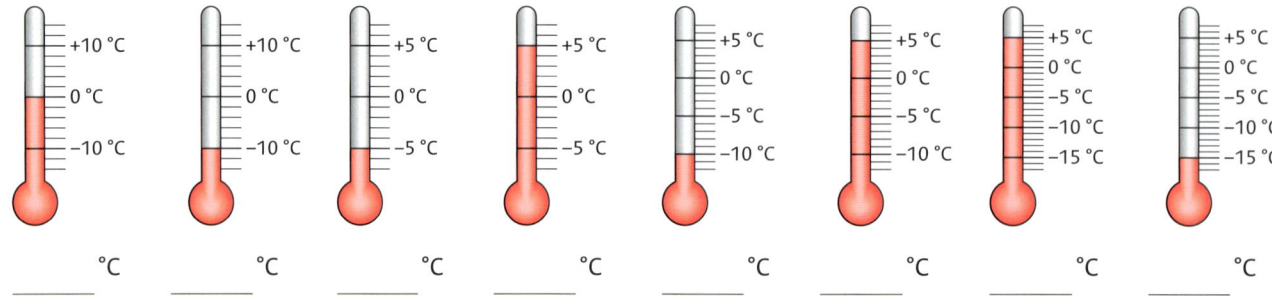

_____ °C	_____ °C	_____ °C	_____ °C	_____ °C	_____ °C	_____ °C	_____ °C

Die Temperatur   Die Temperatur   Die Temperatur   Die Temperatur

_____   _____   _____   _____

3 Trage die Punkte ins Koordinatensystem ein.
Verbinde sie in alphabetischer Reihenfolge und N mit A.

A(2|−6)   B(2|−2)

C(5|0)   D(1|1)

E(1|4)   F(−1|1)

G(−4|8)   H(−4|6)

I(−6|6)   J(−2|1)

K(−4|2)   L(−2|−1)

M(−4|−5)   N(0|−3)

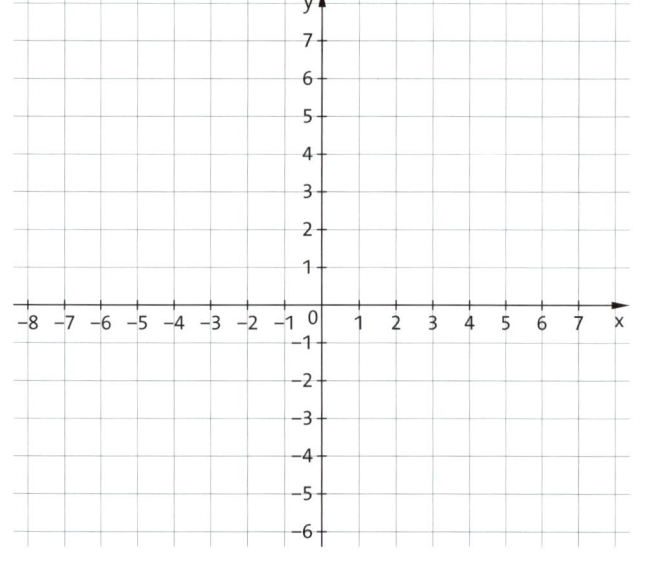

4 Ergänze die Tabelle.

alter Kontostand	120 €		10 €	−20 €
neuer Kontostand		100 €	185 €	−195 €
Veränderung	Auszahlung von 150 €	Einzahlung von 125 €		

5 Rechne vorteilhaft.

a) −17 + 35 − 23 + 15 = _____

b) 12 · (−7) + 12 · (−3) = _____

c) 3 − 1 − 3 + 1 − 2 = _____

d) (10 + 4) · 13 = _____

Wo stehe ich?

☺ Die Aufgabe kann ich sicher lösen.

☺ Die Aufgabe kann ich mit Nachschauen lösen.

☹ Ich kann die Aufgabe nicht lösen. Hier brauche ich Hilfe.

Ich kann ...	☺	☺	☹	Hier kannst du üben.
• ganze Zahlen auf einer Zahlengerade ablesen und eintragen, sowie Punkte im Koordinatensystem mit vier Quadranten ablesen und eintragen. (Aufgabe 2 und 3)				S. 64, 65, 66, 67, 68, 70
• Zustandsänderungen beschreiben. (Aufgabe 1 und 2)				S. 65, 68, 69
• die Grundrechenarten mit ganzen Zahlen durchführen. (Aufgabe 3 und 4)				S. 70–75
• Vorrang- und Klammerregeln beim Rechnen mit allen Grundrechenarten anwenden. • das Kommutativgesetz, Assoziativgesetz und Distributivgesetz zur Vereinfachung verwenden. (Aufgabe 5)				S. 74, 75

Jahrgangsstufentest

1 Anja hat gewürfelt und die gewürfelte
Augenzahl aufgeschrieben:
1; 5; 4; 6; 5; 3; 2; 2; 1; 4; 6; 3; 3; 6;
4; 2; 5; 5; 3; 2; 4; 5; 1; 6; 6; 3; 5; 6.

a) Fertige eine Strichliste an.

b) Veranschauliche die Daten in einem Säulendiagramm.

gewürfelte Augenzahl	Anzahl

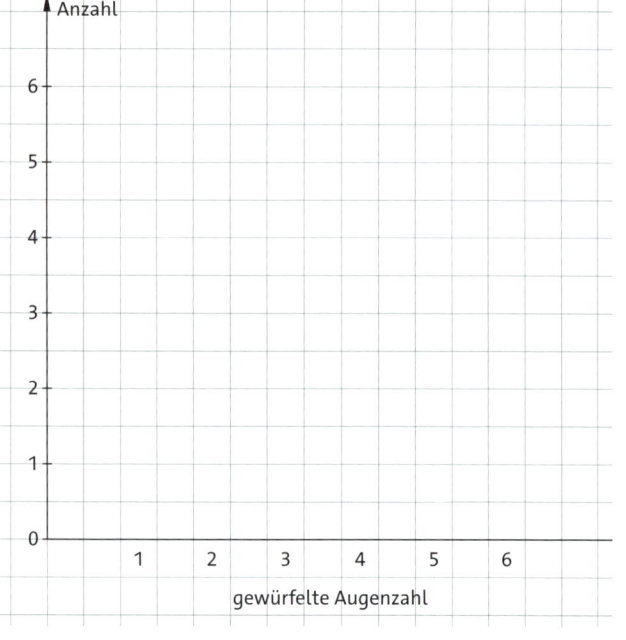

2 Ergänze die Tabelle.

Runde auf ...	Zehner	Hunderter	Tausender	Zehntausender
17 569				
127 899				
2099				

3 Rechne in die geforderte Einheit um.

a) 5000 cm = _____ dm **b)** 97 km = _____ m **c)** 82 700 cm² = _____ dm² **d)** 27 cm² = _____ mm²

e) 823 000 g = _____ kg **f)** 27 t = _____ kg **g)** 180 min = _____ h **h)** 5 d = _____ h

4 Haus im Koordinatensystem

a) Gib die Koordinaten der Punkte an.

A(___ | ___) B(___ | ___)

C(___ | ___) D(___ | ___)

E(___ | ___)

b) Gib parallele Strecken an.

_____

c) Gib zueinander senkrechte Strecken an.

_____

d) Gib den Flächeninhalt und den Umfang vom
Viereck ABCE an.

_____

5 Entscheide, wie groß der abgebildete Strohballen ungefähr ist.
Begründe deine Antwort mithilfe des Fotos und einer Rechnung.

☐ 25 km³   ☐ 25 m³   ☐ 250 dm³   ☐ 250 cm³

_____

_____

_____

_____

6 Berechne das Ergebnis.
Überprüfe mithilfe der Umkehrung.

a) 27 012 − 9048 = _____

b) 2064 : 8 = _____

7 Trage die gesuchten Begriffe in die Kästchen ein. Wenn alles richtig ist, ergibt sich ein Lösungswort.

1. Bei Quadern verlaufen die Kanten ... zueinander.
2. Rauminhalt
3. Fachwort für einen Teil des Quotienten
4. Währungseinheit
5. Ermitteln von Näherungswerten nach festgelegten Regeln
6. Zahlen mit genau zwei Teilern nennt man ...
7. Einheit der Zeit
8. Fachwort für einen Teil der Differenz
9. spezielles Rechteck
10. Maß für Flüssigkeiten
11. Summe aller Seitenlängen
12. Methode zur Bestimmung von Flächeninhalten
13. zweite Koordinate
14. Die Dauer zwischen zwei Zeitpunkten nennt man ...
15. Rechengesetz der Multiplikation und Addition
16. Körper mit 6 Seitenflächen
17. Einheit der Masse (des Gewichts)

13. -Wert